河北省科学技术厅2019年科普专项资助
(项目编号:19K57618D)

漫谈高速铁路桥梁工程施工

张运波　王国安　张卓杰　编著

中国铁道出版社有限公司

2020年·北京

图书在版编目(CIP)数据

漫谈高速铁路桥梁工程施工/张运波，王国安，张卓杰编著．—北京：中国铁道出版社有限公司，2020.9
ISBN 978-7-113-27178-7

Ⅰ.①漫…　Ⅱ.①张…　②王…　③张…　Ⅲ.①高速铁路-铁路桥-桥梁施工　Ⅳ.①U448.13

中国版本图书馆 CIP 数据核字(2020)第 153135 号

书　　名：漫谈高速铁路桥梁工程施工
作　　者：张运波　王国安　张卓杰

策划编辑：李小军
责任编辑：许士杰　董姗姗
封面设计：曾　程
责任校对：王　杰
责任印制：赵星辰

出版发行：中国铁道出版社有限公司(100054，北京市西城区右安门西街 8 号)
网　　址：http://www.tdpress.com
印　　刷：中煤(北京)印务有限公司
版　　次：2020 年 9 月第 1 版　2020 年 9 月第 1 次印刷
开　　本：720 mm×1 000 mm　1/16　印张：8　字数：128 千
书　　号：ISBN 978-7-113-27178-7
定　　价：49.00 元

前 言

经过多年的快速发展，截至2019年底，中国高铁运营里程已突破3.5万公里，超过世界其他国家高铁里程之和，高铁已成为人们出行的重要交通工具之一，“千里江陵一日还”早已变成现实。

当前，中国的高铁建设仍处于高速发展的阶段，作为京津冀发展重要一员的河北省已有多条高速铁路开通运营，还有多条高速铁路和城际铁路正在建设或将要开工建设。随着雄安新区的建设及冬奥会相关工程的推进，京雄高铁等都在加速建设中，使铁路建设在河北达到了高峰期。2018年12月29日京哈高铁承沈段的开通运营，使承德地区迈入了高铁时代。2019年12月30日，京张高铁正式开通运营，河北省已实现市市通高铁。

由于高铁线路大量采用高架线路的形式，中国的铁路桥梁建设也由此经历了前所未有的蓬勃发展，取得了一系列的辉煌成就。尽管人们对于高铁这个词汇已不陌生，但多数人对于高铁的建设过程，尤其是带有基建新技术的高铁桥梁建设过程还不十分了解。当前流行的BIM(Building Information Modeling)能很好地解决这个问题，利用BIM技术可以创建高速铁路桥梁施工过程的3D、4D模型，并进行施工过程的检验，以验证和修改设计方案，使施工过程更加规范、合理、科学。BIM技术直观易懂的特点不仅为高速铁路桥梁建设提供了技术与支持，还为普通读者了解高铁的建设过程提供了方便。在BIM技术的支撑下，书中展现了施工过程中的三维图片，帮助读者直观了解高铁各种桥梁的结构类型、构造以及桥梁的施工过程，希望由此激励青少年读者热爱科学，关注祖国发展。

本书内容分为八章，第1章主要介绍高速铁路的发展，高速铁路桥梁的特点及主要施工方法；第2章主要介绍高速铁路桥梁基础的分类和施工方法；第3章介绍高铁墩台的类型和施工方法；第4章介绍高铁简支梁桥的施工方法；第5章介绍高铁连续梁桥和连续刚构桥的概念和施工方法；第6章介绍拱桥的概念和施工方法；第7章介绍斜拉桥及悬索桥的组成、概念和施工过程；第8章介绍河北省高速铁路发展概况。

本书面向公众普及高速铁路桥梁施工的知识，同时也可作为土木类相关专业的教材，内容通俗易懂，图文并茂，用最直观的方式帮助读者了解高速铁路和高速铁路桥梁建设过程。考虑到本书读者为普通大众，因此省略了部分具体的技术细节，有兴趣的读者可自行参阅相关专业书籍和资料进行学习，也欢迎和编著者进行交流。

本书由张运波、王国安、张卓杰编著。石家庄铁道大学王慧东教授、向敏教授、黄羚教授、赵存宝教授对本书的编写工作给予了无私的指导与帮助。本书的编写与出版还得到河北省科技厅相关处室领导的支持与关怀，中铁十六局、中铁十二局、中铁十八局、中铁四局、中铁上海工程局、中交二公局、中交二航局等单位为本书的编写提供了部分资料支持。硕士研究生欧阳稳、刘世远、赵宇帆、王刘栓为前期的资料收集及图片编辑工作付出了辛苦劳动。本书还受到许多前辈、领导、同事的关怀与支持，涉及的研究还得到了河北省创新能力提升计划项目(19K57618D)和石家庄铁道大学2019年度第二批高等教育教学研究重点项目《“新工科”背景下桥梁工程专业课程教学改革研究》(项目号Z2019-2-9)的资助与支持。在编写的过程中还参阅了相关书籍、资料以及网络信息等资源,但由于各种原因导致部分图片资料未能联系上作者或是无法确认内容来源,在此对作者或权利人一并表示感谢!

由于编者水平有限,书中难免有疏漏与不当之处,敬请读者批评指正!

张运波

2020年6月

目 录

1 高速铁路桥梁概述

1.1 高速铁路的发展

1.1.1 什么是高速铁路

随着我国交通基础建设的飞速发展，高速铁路的建设水平已成为中国基建的代表和名片。但具体什么是高速铁路，不少人还不特别清楚。顾名思义，高速铁路就是可以开行高速列车的铁路系统，是包括路基、桥梁、隧道、轨道、牵引供电、信号通信等众多设施的集合。不同时代、不同国家对高速铁路有不同定义，并根据本国情况规定了各自的高速铁路级别的详细技术标准，涉及的列车速度、铁路类型等不尽相同。

我国是如何定义高速铁路的呢？中国起初阶段对高速铁路没有明文规定。秦沈客运专线于 2003 年 10 月投入运营，列车最高运营速度达到 210 公里/时，大大超过同期一般新线的速度设计标准。但对于秦沈客运专线是否应算作高速铁路，曾长期存在不同意见。直到 2013 年，国家铁路局在其官方网站上专门针对高速铁路作出说明，其定义为：新建设计开行 250 公里/时（含预留）及以上动车组列车，初期运营速度不小于 200 公里/时的客运专线为高速铁路。该说明只是对 2013 年以后的新建铁路而言，而对于 2013 年以前建设的高铁以及提速后的既有铁路，则没有涵盖。2014 年 12 月 1 日由国家铁路局批准发布的《高速铁路设计规范》于 2015 年 2 月 1 日正式实施至今，规范中明确规定了高速铁路为新建设计时速 250～350 公里，并把设计时速规定了三个等级：时速 250、时速 300、时速 350 公里。至此，国家才以规范的形式明确了高速铁路的概念。

高速铁路和高速列车不是一回事儿。高速铁路是一种铁路系统，高速列车则是一种车辆类型。有的高速列车既能在高速铁路上行驶，也能在普速铁路上跨线行驶，只不过普速铁路的设施条件可能会制约运行速度。

1.1.2 高速铁路的发展历程

长期以来，火车“最高速度”超过时速200公里的寥寥无几，直到1964年日本的东海道新干线系统开通，这是人类历史上第一个运营速度高于200公里/时的铁路系统。日本第一条新干线，如图1—1所示。

图1—1 日本第一条新干线：“光号”列车通过富士山的情景

高速铁路在历史上有三次集中发展时段，或称为三次浪潮：

高速铁路发展的第一次浪潮为1964～1990年。这个时间段日本的高速铁路发展比较迅速，最具代表意义的是1964年7月竣工的东海道新干线，始于东京，途经名古屋、京都等地，终点是日本的大阪，铁路全长515.4公里，于1964年10月1日正式通车。东海道新干线的运营速度高达210公里/时，该铁路的建成通车标志着世界高速铁路新纪元的到来，东海道新干线建成以后，日本又相继修建了山阳新干线、东北新干线和上越新干线。除了日本，法国、意大利、德国等国家也纷纷修建高速铁路。

高速铁路发展的第二次浪潮为1990～1997年。发达的经济离不开发达的交通，尤其是运输优势明显的铁路交通，因此，为了刺激经济的发展，在这短短几年时间里，法国、德国、意大利、西班牙、比利时、荷兰、瑞典、英国等欧洲发达国家，修建了大量的高速铁路，并初步形成了欧洲高速铁路网络结构，为欧洲经济的发展起到了助跑的效果。

高速铁路发展的第三次浪潮为 20 世纪 90 年代中期至今。这一时期内，在亚洲、北美洲和澳洲掀起了建设高速铁路的热潮。主要特点为：一是修建高速铁路得到了各国政府的大力支持，一般都有了全国性的整体修建规划，并按照规划逐步实施；二是修建高速铁路的经济效益和社会效益得到了更广层面的共识，特别是修建高速铁路在节约能源、减少土地使用面积、减少环境污染、提升交通安全等方面的社会效益显著，以及运输能力和效率大大提高。

1.1.3 我国高速铁路的发展

21 世纪以来，我国的高速铁路以惊人的速度发展，我国高速铁路在较短的时间内走完了国际上数十年的发展历程，创新了世界先进的高铁建造技术，创造出了独一无二的中国高铁品牌。

2004 年，在中国引进高速列车技术时，日本川崎重工总裁大桥忠晴曾这样耐心劝告中方技术人员：不要操之过急，先用八年时间掌握时速 200 公里的技术，再用八年时间掌握时速 350 公里的技术。在大桥忠晴看来，这已经够快了。毕竟，新干线从时速 210 公里提升至 300 公里，日本人用了近三十年的时间。然而我们用了五年时间就做到了。从引进时速 200 公里高速铁路技术，到自主开发时速 300 多公里的“和谐号”动车组，我国高速铁路的发展震惊了世界，并迅速跨入引领世界的“高铁时代”！各国舆论的评价是：中国高速铁路事业似乎在一夜之间完成华丽转身，从一个不起眼的追赶者变成了世人关注的领跑者。

根据国家铁路集团的数据，截至 2019 年底，中国高速铁路营业里程已达 3.5 万公里，超过全世界高铁总里程的 2/3，已成为世界上高铁里程最长、运输密度最高、成网运营场景最复杂的国家。

此外，中国、日本和美国等还在研究速度更快的轨道交通方式。2015 年 4 月 17 日，一篇名为《日本超导磁悬浮列车创时速 590 公里新纪录》的报道指出："日本山梨磁悬浮试验线今后将转为运营线路，作为磁悬浮中央新干线使用，最高运营速度定为每小时 505 公里。"我国也进行了磁悬浮列车的研究，磁浮实验样车和传统高铁最大的区别在于，它悬浮于轨道运行，没有轮轨之间的摩擦力。2006 年 4 月 27 日，上海磁浮列车示范运营线开通运营，这是中国首条磁浮线路，最高时速超过 400 公里，如图 1—2 所示。目前正在研制的磁浮列车据称时速达 600 公里，如图 1—3 所示。

图 1—2　上海磁悬浮线路和列车

图 1—3　时速 600 公里的磁浮线试验列车

除了研究普通磁悬浮技术，中国还正在研发其他高铁技术，如真空管道磁悬浮高铁技术。即设想磁悬浮列车在真空管道中运行，其时速预计可达 4 000 公里，能耗不到航客机的 1/10，噪声和废气污染及事故率接近于零，这是真空管道磁悬浮列车（见图 1—4）的惊人优势所在，这意味着采用该技术的列车比波音飞机的速度还要快若干倍。

图 1—4 真空管道磁悬浮列车

1.2 高速铁路的特点

相对于普通铁路，高速铁路有着显著的优势，主要表现在以下几个方面：

（1）高铁速度快且平顺性好。高铁列车的运行速度远大于普通铁路，缩短了乘客的乘车时间，并且我们的高速铁路采用的都是无缝钢轨，时速 300 公里及以上的高速铁路采用无砟轨道，即在没有石子的整体式道床上运行，所以高铁才能够保证优秀的平顺性。

（2）高铁弯道少。为了保证高铁的高速运行，必须尽可能采用直线，即使有弯道，弯道的半径通常也比较大，以此防止在弯道上产生过大离心力而发生脱轨的危险。

(3)高速铁路具有先进的信号控制系统。这是因为发车密度大、车速快，必然要求信号系统的安全性高。

(4)高铁电缆具有可靠的悬挂方式。高铁车顶上的电线的悬挂方式和普通铁路是不同的，它可以有效地保证车组的稳定性，保证高速列车动力系统的接触稳定性和耐久性。

(5)高速铁路桥梁所占的比例大。由于高铁要求线路基础足够平顺，沉降要小，因而桥梁数量大大多于普通铁路，高架长桥的数量也很多。根据统计，日本近 2 000 公里的高速铁路中，桥梁占线路总长的 47%。我国京沪高速铁路上的桥梁里程占线路总长的 86.5%；武广高速铁路桥梁占线路总长的 42.14%；沪杭高速铁路的桥梁占比为 92%。

究其桥梁占比例高的原因，一方面源于高铁跨越河流、山谷、线路等障碍的需要，另一方面是为了满足高铁线路的平直、平顺的要求，为了避免太多太急的弯道，这就需要截弯取直而采用桥梁。还由于高铁桥梁基础打得深、沉降小，能满足高铁桥梁变形小的要求。此外与修建路基相比，修建桥梁可少占土地，节约土地资源。所以说，高铁基础建设过程在很大程度上就是高铁桥梁修建过程，高铁桥梁施工的技术高低在相当程度上代表着高铁建设的整体水平。

1.3 高速铁路桥梁工程

1.3.1 高速铁路桥梁的特点

高速铁路桥梁的特点体现为：

(1)中小跨度的桥梁数量多。由于高速铁路对线路、桥梁、隧道等土建工程的刚度要求严格，因此，高速铁路桥梁跨度以中小跨度为主。以京沪高速铁路上的桥梁为例，绝大多数为中小跨度，常用桥式为等跨布置的双线整孔简支梁，跨度有 24 米、32 米、40 米几种，以 32 米梁居多。

(2)桥梁的刚度大，整体性能好。高速铁路桥梁必须具有足够大的刚度和良好的整体性，以防止列车运行过程中桥梁出现较大挠度和震动幅度。所以，尽管高速铁路列车质量小于普通列车，但高速铁路桥梁在梁高、梁重上均超过普通铁路。

(3)混凝土桥梁多。由于维修、养护等方面的原因,为了提高高铁桥梁的耐久性,大都采用混凝土桥梁。

1.3.2 高速铁路桥梁的组成

高铁桥梁的基本构成可以分为以下三个部分。

1. 上部结构

上部结构也叫桥跨结构,是桥梁跨越障碍空间的部分,可以是梁、拱或者索结构。各种桥梁类型划分就是按照上部结构的不同进行分类,如:梁式桥、拱桥、斜拉桥、悬索桥等。

上部结构和下部结构之间一般还有一个特殊结构,称为支座,支撑着梁或者拱,工程师一般把支座归属于上部结构。图 1—5 所示为梁式结构的桥梁。

2. 下部结构

下部结构指桥梁支座以下的支撑,包括桥墩、桥台以及深埋地下的基础结构。桥台设在桥梁的两端,与路堤衔接,以防止其滑塌,桥墩则在两桥台之间。

3. 附属结构

桥梁除了上部结构和下部结构以外,还包括一些配套的结构或设备,称为附属结构,例如锥形护坡、桥墩的防撞结构、检修通道等。

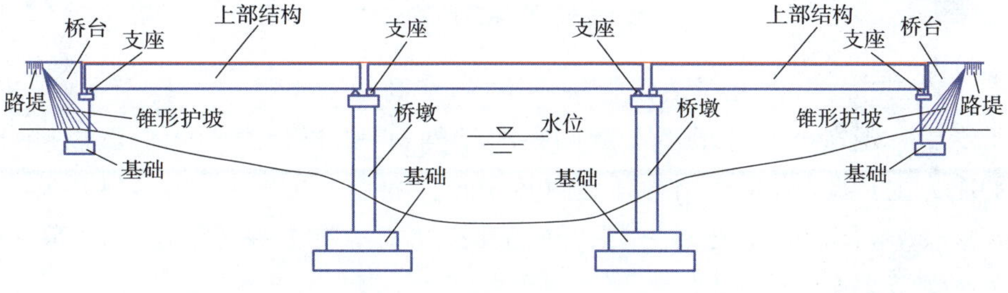

图 1—5 梁式桥的基本组成

1.3.3 高速铁路桥梁的种类和主要施工方法

高速铁路桥梁一般都是按照上部结构受力体系分类的,一共有以下几种。

(1)梁式桥:梁式桥上部结构为梁体,梁体为主要的承重结构,是桥梁主要的受弯构件，在高速列车等荷载作用下，梁会产生竖向的弯曲变形，而桥梁顺桥向能自由伸缩。梁式桥有简支梁和连续梁两种结构，简支梁的每一跨是一个独立结构，且有一个梁缝，简支梁的跨度比较小。连续梁则是连续几跨为一个整体结构，跨度比较大(见图 1—6)。简支梁的施工方法以现场浇筑和预制安装为主，连续梁有满堂支架法、悬臂施工法、移动模架法、转体施工法等，在后续章节中会详细介绍。

图 1—6　高速铁路梁式桥

(2)拱桥：拱桥上部结构为拱式结构，在高速列车等荷载作用下，拱主要受压。现在虽然有很多新颖的拱桥结构，但拱桥受力形式仍然以拱身受压为主。此外，拱桥结构还会对桥墩产生推力(见图 1—7)。拱桥施工方法较多，包括满堂支架法、悬臂施工法、缆索吊装法和转体施工法等，在后续章节中会一一介绍。

(3)刚构桥：刚构桥与梁桥相似，唯一不同的是桥墩和梁体之间整体相连，没有支座结构。由于没有支座，桥梁顺桥向不能自由伸缩，其纵向变形靠桥墩实现，这样的桥梁主体除了受弯，还会受压(见图 1—8)。施工方法以悬臂施工为主。

图 1—7 高速铁路拱桥

图 1—8 高速铁路刚构桥

(4)斜拉桥:斜拉桥由桥塔、加劲梁体和斜拉索组成。斜拉桥的跨度很大,它主要是把桥面的荷载通过斜拉索传给索塔。主梁类似于多点支撑的连续梁,索塔以受压为主,斜拉索承受拉力(见图 1—9)。施工方法主要有悬臂施工法、支架法、顶推法等。

图 1—9　高速铁路斜拉桥

(5)悬索桥:也称吊桥,主要由桥塔、大缆、吊索、加劲梁、锚碇等组成,其特点是竖向荷载作用于吊索使大缆承受拉力,并把大缆锚于悬索桥两端的锚碇结构中。大缆受拉、桥塔受压是吊桥的显著特点。五峰山长江大桥位于江苏省境内,这是世界上第一座高速铁路悬索桥,计划于 2020 年通车。悬索桥施工方法的专业性较强,一般先施工锚碇、大缆、桥塔,然后通过吊索吊装加劲梁。高速铁路悬索桥,如图 1—10 所示。

图 1—10　高速铁路悬索桥

1.4 高速铁路桥梁主要施工方法及关键施工技术

随着客运专线以及高速铁路建设的全面推进，中国高速铁路桥梁建造技术取得了快速发展。在桥梁主要施工方法、关键技术及工艺方面进行了较大的创新，形成了位于世界前列、具有中国特色及自主知识产权的先进工法和施工技术。其主要体现在以下几方面：

1. 大型整孔预制梁预制、运输及架设技术

为解决 32 米整孔预制箱梁梁厂集中预制及运架施工问题，我国工程师自主研制了多种形式的 450 吨级提梁机、900 吨级架桥机、900 吨级运梁车以及 900 吨级移动模架造桥机等，从建厂、制梁、移运架设等方面摸索出成套技术，具有较高的施工效率和安全性。形成了一系列成熟的标准梁制、运、架工艺及相应装备，高质量、高速度地实现了特长桥梁的建造。

2. 大跨度桥梁建造技术

高速铁路桥梁通常宜采用小跨，但对于跨越大江、大河和深谷的需要，高速铁路大跨梁的修建也不可避免，而我国高速铁路大跨度桥的桥上速度目标值与其他路段保持一致，这也增加了大跨度桥梁的设计建造难度。主要设计建造技术包括：采用更高强度等级的钢材、应用新型建筑空间结构研制大跨重载桥梁的专用装置、采用深水基础施工新工艺等。

3. 大跨连续梁(刚构)等特殊桥型原位制梁施工技术

大跨预应力混凝土连续梁(刚构)等特殊桥型采用悬臂浇筑、顶推转体施工。预应力混凝土桥梁采用移动模架造桥机原位浇筑和预制节段逐跨拼装，特殊跨度梁桥采用支架法原位浇筑等多种施工方法，结合高速铁路桥梁特点及对建造的严格要求，对传统施工技术进行创新和发展。

1.5 高速铁路其他工程简介

高速铁路建设是个系统工程，除了上面介绍的高速铁路桥梁工程以外，还有高速铁路路基、隧道、车站等方面的基础工程，以及配套的轨道工程、电气化工程、联调联试工程、机车工程等一系列其他专业工程。本书只是对高速铁路桥梁工程施工做了一些科普性讨论，其他工程施工将在第八章河北省高速铁路建设概况中进行一般性介绍。

2 高速铁路桥梁基础施工

高铁桥梁由上部结构和下部结构组成，下部结构又由基础部分和墩台部分组成。俗话说基础不牢，地动山摇，万丈高楼平地起，就是说高楼都是在大地上先修建基础，然后再起高楼，所有荷载（包括自重和其他荷载）最终都要传递到大地上。高铁桥梁也是一种工程结构，所以桥梁的重量以及桥上的行人、车辆等荷载最终会通过下部结构传递给大地。桥梁的下部结构主要包括桥墩、桥台、基础，所有荷载都是通过上部结构传给墩台，墩台再传给基础，基础再传递给地基的。由于基础工程大部分都在地下或者水下，其施工难度和重要性有时比上部结构更重要，所以基础的施工是高铁桥梁施工的重点和主体工程，投入和技术都占有很高的比重。

高铁桥梁的基础类型有很多，按照结构形式可分为：明挖基础、桩基础、沉井基础、沉箱基础和管柱等。其中最常用的是明挖基础、桩基础和沉井基础，通常称为桥梁的三大基础。根据基础埋入土中的深浅度可分为深基础（埋深大于 5 米的）和浅基础（埋深小于 5 米）。高铁桥梁基础中，除明挖基础属于浅基础外，其他基础形式均为深基础。下面就分别介绍不同类型基础的施工过程。

2.1 明挖基础施工

明挖基础直接在地面上露天开挖基坑，并在基坑中施工该基础，所以又称为敞坑基础。此外，明挖基础往往采用台阶形结构，逐级扩大面积，故也称为扩大基础。明挖基础主要适用于地质条件比较好的工程中，且最好是在无地表水或浅水的条件下。

2.1.1 明挖基础的构造

桥梁明挖基础的构造十分简单,高铁桥梁的明挖基础多为钢筋混凝土结构,基础的平面形状有圆形、圆端形、矩形、八角形、T 形和 U 形等。最常见的是矩形结构,并且分台阶制作,面积逐级扩大(见图 2—1)。明挖基础的厚度和台阶分阶设计需要根据地基的受力要求来确定。此外,还要求基础底面必须有足够的埋深。按照要求埋深最小值必须低于地面、河流的冲刷线或土壤冻结线,以保证基础不受水流冲刷和冻害影响。

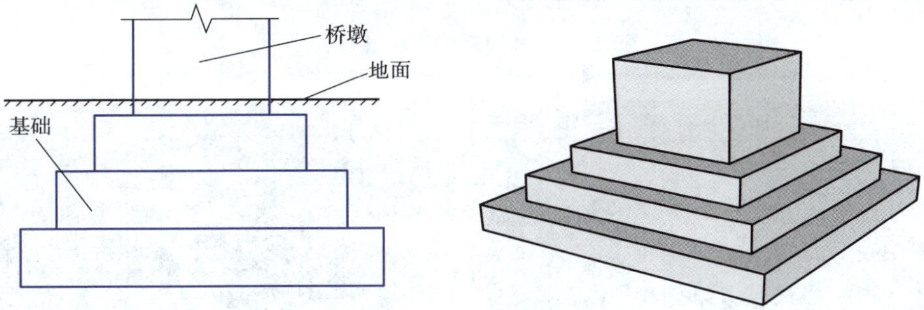

图 2—1 明挖基础

2.1.2 明挖基础施工工艺

明挖基础施工一般采用开挖基坑,然后在基坑内立模板分台阶浇筑。基坑开挖和支护是最重要的工序。其主要工序如下。

(1)陆地基坑开挖。如果基础位于无水区域,则可以直接开挖。陆地基坑一般采用挖掘机开挖,人工修整,自卸车运输的方法施工。基坑的开挖需要根据土质采用相应的开挖方式。一般土层可直接采用挖掘机放坡开挖(见图 2—2)。如果遇到岩石地基,则需要采用先爆破再开挖,爆破时需要严格控制装药量,以保证基岩的完整性。

如果基坑位置的土质较差,在基坑开挖过程中则需要先做好支护结构(见图 2—3),防止坑壁坍塌。常用的支护形式有坑壁喷锚混凝土支护、挡板支护、钢板桩围堰、混凝土围圈和围堰等支护结构(见图 2—3)。支护结构完成后,就可以在支护结构的防护下进行开挖作业了。对于钢围堰结构,需要先施工围堰结构主体（钢管桩、钢板桩），然后在围堰内部区域边开挖边施工围堰的内部支撑体系。围堰内部的支撑体系也称为围囹支撑体系。

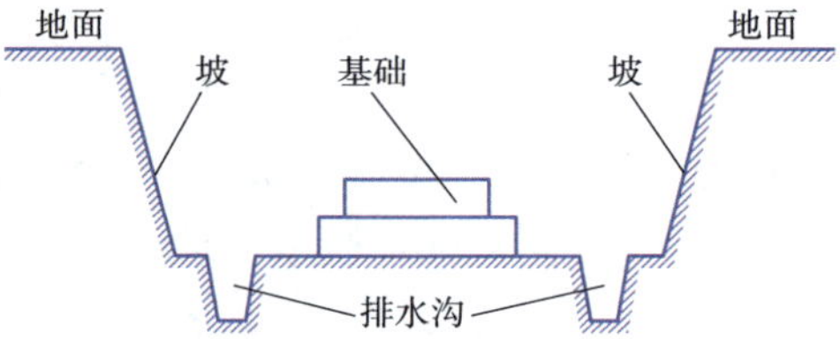

图 2—2　陆地基坑直接放坡开挖

(a) 陆地基坑喷锚混凝土支护

(b) 陆地基坑竹排挡板支护

(c) 陆地基坑打设钢板桩围堰

(d) 陆地基坑钢板桩围堰内撑体系

图 2—3　支护结构

(e) 陆地基坑钢管桩围堰

(f) 陆地基坑混凝土围圈围堰

图 2—3 支护结构(续)

目前较常用的围堰有拉森钢板桩和仿拉森钢板桩围堰。它们的钢板桩为U型结构,其两侧带有阴阳锁口可以互相咬合(见图 2—4)。钢管桩也多采用锁口形式,可以起到止水的效果,常见的有三种锁口形式,如图 2—5 所示。

图 2—4 U型拉森钢板桩

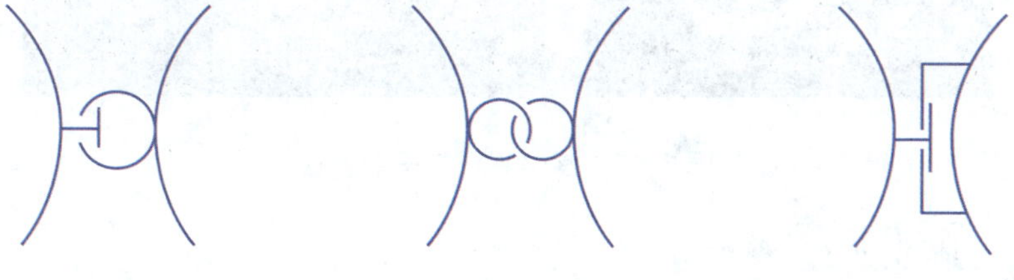

(a) P-T锁口　　(b) P-P锁口　　(c) L-T锁口

图 2—5 钢管桩锁口形式

陆地基坑在开挖过程中，如遇到地下水位较高，则需要设置集水坑，并配备排水设备，边开挖边进行抽水作业。

(2)水中基坑的开挖。如果基础位于水中，则需要在水中进行基坑的开挖作业。水中基坑的开挖需要根据水深确定相应的开挖方式，如果基坑位于浅水区，在条件允许的情况下，可以先将水排干。若直接排水有困难，则可以采用筑岛（填土、砂袋、黏土袋等），创造一个无水空间，然后施工支护结构（采用围堰）并进行开挖作业，边开挖边施工支撑体系，如图 2—6 所示。

图 2—6　填土筑岛施工

如果水深较大，排水和人工筑岛均存在困难，则需要先施工围堰，然后在围堰的防护下进行排水和开挖作业。常用的围堰形式有钢板桩围堰和锁口钢管桩围堰（见图 2—7）。这两种围堰可以在施工完毕后完全拆除，既能降低工程造价，又不污染环境。

图 2—7　水中基坑打设钢管桩

2.1.3　地基处理

明挖基础属于浅基础，多采用排水开挖的施工方法，即边开挖边排水。开挖到相应的深度后，需要检查地基土层与设计是否一致，检查无误后，需要对地基进行简单处理，可采用人工找平或者铺设一层碎石、粗砂找平。如果地下水渗水量较大，则需要浇筑一层混凝土，封住地下水。混凝土的顶面即为明挖基础的底面位置。

2.1.3.1 绑扎钢筋

明挖基础的基底处理完成后，就可以绑扎明挖基础的钢筋骨架，然后支立模板，为浇筑混凝土做准备。由于桥墩的钢筋和基础的钢筋是连在一起的，所以在绑扎最上部台阶的时候，需要绑扎一部分桥墩的钢筋，如图 2—8 所示。

图 2—8 绑扎钢筋

2.1.3.2 浇筑混凝土

明挖基础的钢筋绑扎完成，模板立好后就可以浇筑基础的混凝土。明挖基础混凝土的浇筑需要根据基础台阶的个数，自下而上逐个台阶进行混凝土浇筑施工。混凝土的浇筑可以采用混凝土泵车、吊车等，如图 2—9 所示。

图 2—9 底节明挖基础浇筑混凝土

介绍完明挖基础的施工细节，图 2—10 为大家展示了明挖基础施工的全过程。

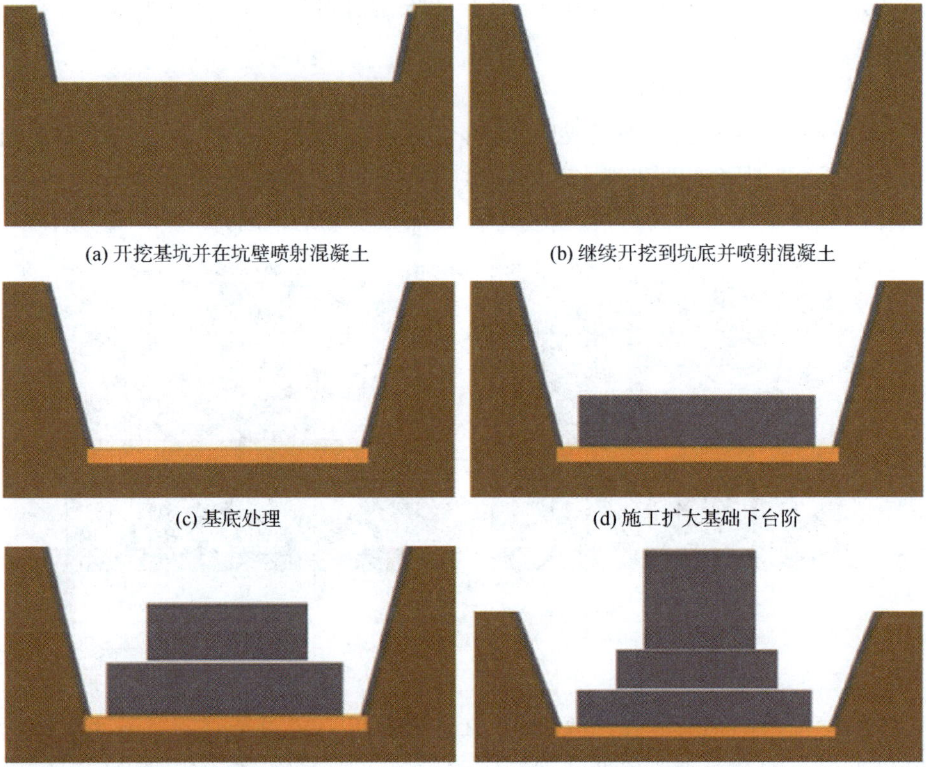

(a) 开挖基坑并在坑壁喷射混凝土　(b) 继续开挖到坑底并喷射混凝土

(c) 基底处理　(d) 施工扩大基础下台阶

(e) 施工扩大基础上台阶　(f) 施工墩身

图 2—10　明挖基础施工流程示意图

等混凝土强度提高后，在明挖基础上面再进行高铁墩台的施工（见第 3 章高铁桥梁墩台施工）。

2.2　桩基础施工

2.2.1　桩基础构造

桩是由钢筋混凝土（也有的是钢结构）做成的细长柱体。高铁桥梁每个桥墩（桥台）位置下边一般由多根桩组成，形成桩群。桩群上方为承台结构，覆盖住所有的桩,这样由桩(群)和承台构成的基础称之为桩基础(见图 2—11)。承台的上方即为桥墩或者桥台结构。承台以上传来的外力通过承台,由桩传到较深的地基持力层中,所以承台的作用是将桥墩(桥台)传下来的荷载传递给各桩并箍住桩顶使各桩共同承受外力。

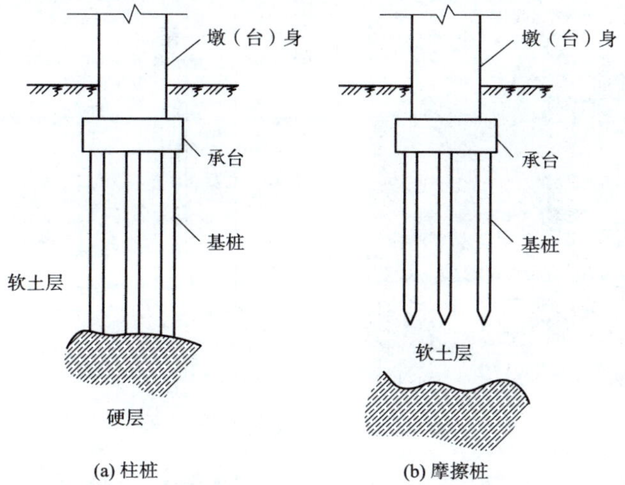

图 2—11 桩基础构造

桩基础是目前高铁桥梁采用较多的基础形式,适用于各种土层。根据桩底土层的性质以及受力方式,可将桩基础分为柱桩和摩擦桩。基桩底部是坚硬的岩层或土层,主要靠底部的支撑反力抵抗上部结构传来的荷载,称为柱桩;如果基桩底部是一般土层,主要靠四周土层摩阻力抵抗上部结构传来的荷载,则称为摩擦桩。

按照桩基础施工方式来分,可分为预制打入桩和现场浇筑的桩两种。高铁桥梁的桩基础绝大多数为现浇桩,预制打入桩很少采用。下面分别介绍现浇桩、预制桩的施工方法。

2.2.2 现浇桩的施工

现浇桩基础根据成孔的方式可分为人工挖孔灌注桩和钻孔成孔灌注桩两种方式。

2.2.2.1 人工挖孔灌注桩施工

挖孔灌注桩采用人工挖孔,利用卷扬机把土运到地面。为了防止塌孔,还需要边挖孔边浇筑混凝土围圈。在挖孔过程中需要对孔底作业面进行通风和照明，以保证开挖作业的顺利进行，如有地下水，则还需要在开挖过程中及时排水。施工混凝土围圈的高度一般不超过1米，混凝土围圈成锯齿形结构，如图2—12所示。

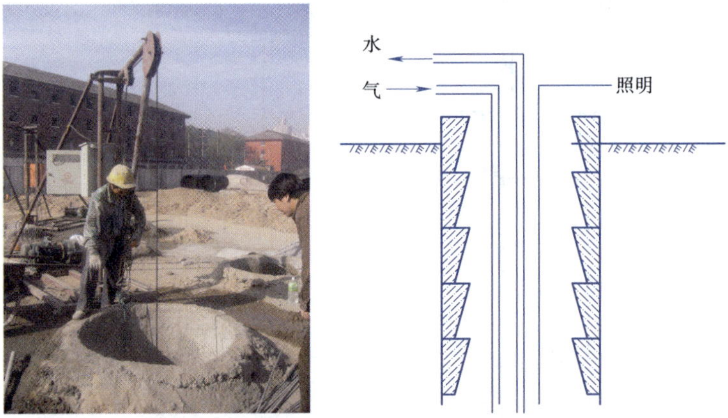

图2—12　挖孔灌注桩开挖

当挖孔到设计深度后，就可以在孔中下放桩的钢筋骨架（即钢筋笼），并浇筑桩身混凝土作业。由于孔中无水，因此下放钢筋笼、自下而上浇筑桩身混凝土均为常规作业，如图2—13所示。

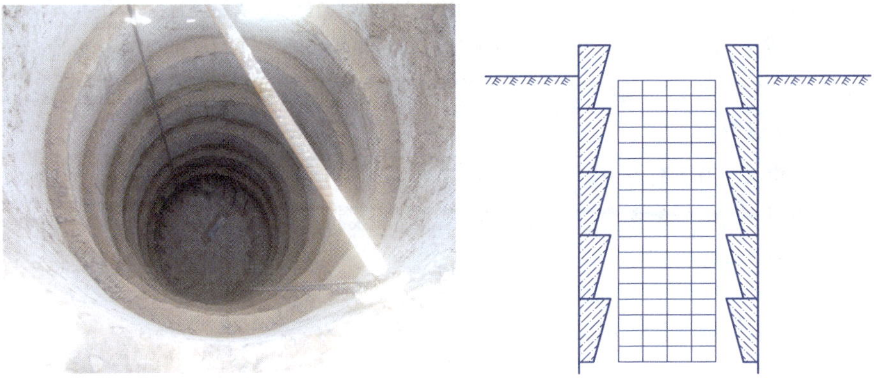

图2—13　挖孔灌注桩浇筑

挖孔灌注桩适用于各种土层，并且人工挖桩可以多个桩同时施工，以此提高施工速度。

2.2.2.2　钻孔灌注桩施工

目前,高铁桥梁的桩基施工大部分采用钻机钻孔灌注桩。以下详细介绍钻机钻孔灌注桩的施工过程。

(1)设置护筒。护筒结构一般采用钢结构,钢板厚度为4～8毫米。护筒可固定桩位,防止钻孔时孔口的土体发生坍塌。护筒在进行钻孔作业时还能起到钻头导向的作用。

对于陆地上的桩基施工,在桩位处可直接利用大型机械将护筒打入土层,也可以采用机械开挖深坑,放置护筒并回填土体的方法。护筒需要嵌入地面至少1米,护筒顶面一般要求露出底面的高度不小于0.5米,如图2—14所示。

图2—14　陆地桩基的钢护筒

水中桩基施工一般需要打设钢管桩形成一个钻孔平台。钻孔平台可以通过大型机械打设钢管桩形成平台,也可以采用打桩船直接打入钢管桩形成钻孔平台,然后在桩位打设护筒。同样,护筒下端需要打入河床一定深度,护筒顶面需要高出施工水位至少2米,防止水位升高等原因,导致地表水倒灌入护筒内,如图2—15所示。

图2—15　水中桩基施工

(2)钻机钻孔。目前,钻孔灌注桩的成孔方法主要有冲击成孔、冲抓成孔和旋转成孔三种方式。

①冲击成孔:冲击成孔是用冲击式钻机或卷扬机带动冲击钻头,上下往复冲击,将孔中的土石砸裂、击碎或挤入孔壁,用泥浆浮起钻渣,使冲击钻头能经常冲击到新的土或岩石。钻孔过程中可采用抽渣筒,或用管形钻头取出钻渣(见图 2—16)。冲击成孔是目前桩基施工常用的成孔方式,常用的冲击钻头有十字形和管型钻头,如图 2—16 所示。

(a) 抽渣筒　(b) 十字钻头　(c) 管形钻头　(d) 泥浆护壁的冲击钻孔作业

图 2—16　冲击成孔

冲击钻孔的钻头重量大,可在砂黏土、黏砂土、砂砾石、卵漂石和较软岩层使用。采用无水钻孔深可达数十米而不塌,甚至在不稳定的砂性土中有水钻孔亦能保持孔壁稳定，这是由于孔壁土具有一定的强度和圆环效应；如果在水中或含水地层中钻孔，以及在松散的砂性土或黏土中钻孔，为了保持孔壁稳定，多在孔内使用清水或泥浆来保护孔壁，施工中一般采用泥浆护壁，如图 2—16 所示。

②冲抓成孔：冲抓成孔由冲抓钻机来完成。冲抓钻机的钻头不同于冲击钻机，其钻头（冲抓锥）由钻身和锥瓣两部分组成，其中带尖的锥瓣结构（锥瓣有 4 瓣、5 瓣、6 瓣结构）在钻头提起时可以将土抓住，提起运到地面。

冲抓钻头的冲击力主要靠钻头自重，其重量随钻头的直径增加而增加，如直径 1.3～1.5 米的钻头，自重以 2.0～2.4 吨为宜。其工作原理是：钻机将钻头（冲抓锥）提到一定高度，然后下落插入地层，提起时锥瓣自动抓住土体，如图 2—17 所示。

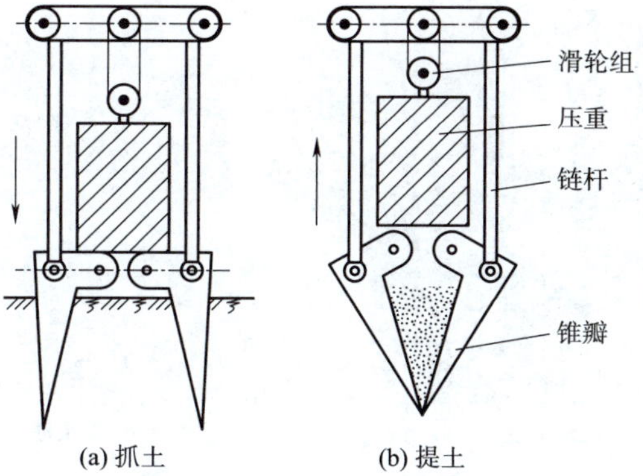

图 2—17　冲抓钻孔作业原理

冲抓钻机适用于黏性土、砂性土、砂黏土夹碎石及粒径 50～100 毫米含量在 40%以内的卵石层。孔深不宜超过 20 米，如果孔深在 20 米以上时，冲抓钻头起落时间长，钻孔进度会变慢。与冲击成孔相同，如果土质较差，在钻孔过程中也经常使用泥浆来护壁。

③旋转成孔：旋转成孔是利用挖钻机旋转的钻头缓慢下切土层或者岩石，并将钻头切削下来的钻渣排除孔外。如果土质较差，容易孔壁坍塌，在旋转成孔时，则需要在孔中使用泥浆保护孔壁，钻渣就是混合在泥浆中排出到地面的，如图 2—18 所示。

(a) 钻头

(b) 旋挖钻机

(c) 旋挖钻头和泥浆护壁

(d) 泥浆池

图 2—18　旋转成孔

旋转钻机钻孔作业时，根据钻孔时泥浆循环的方向，分为正循环和反循环两种作业方式。正循环旋转钻孔的泥浆通过钻杆内腔从钻头出口射入钻孔内，在压力作用下泥浆挟带钻头切削下来的钻渣沿钻孔上升，从护筒上口的泥浆槽排出引至沉淀池。泥浆中的钻渣沉淀后，泥浆进入泥浆池，仍由泥浆泵压入钻杆循环使用(见图 2—19)。反循环钻机的泥浆运行方向与正循环钻机相反，泥浆由泥浆池流入钻孔内，同钻渣混合，在压缩空气或高压水造成的负压下，将钻渣通过空心钻杆排出孔外，如图 2—20 所示。

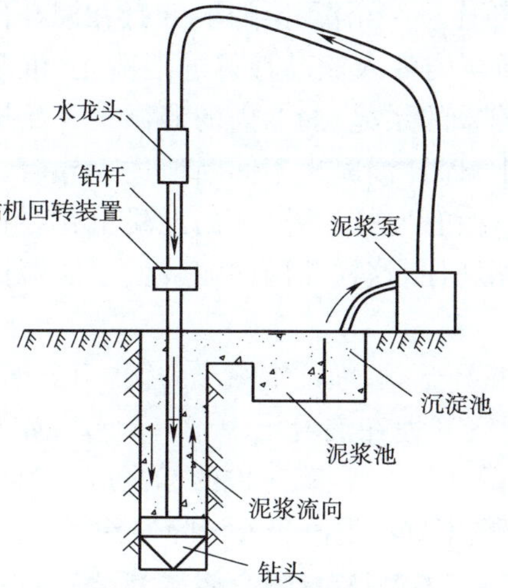

图 2—19　正循环钻孔作业

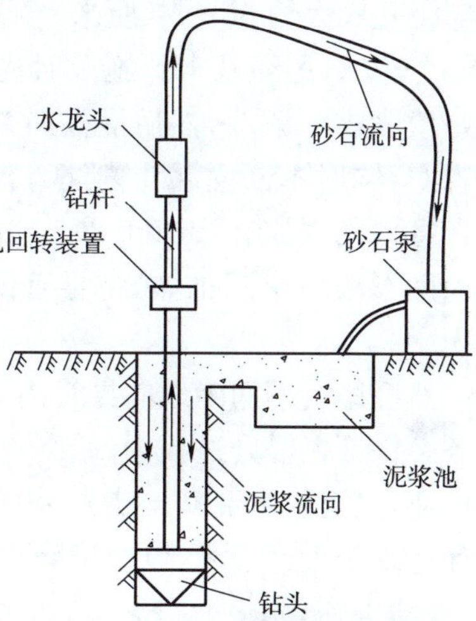

图 2—20　反循环钻孔作业

(3)下放钢筋笼。当钻孔到设计标高后，就可以下放桩基的钢筋笼了。钢筋笼大于 12 米时，需要分节制作，分节长一般为 5～8 米，接长必须保证轴线重合。钢筋笼制作完成后，需要逐节下放到相应标高位置，相邻节段的钢筋笼在下放过程中现场焊接接长，直到全部完成，如图 2—21 所示。

图 2—21　下放钢筋笼

(4)水下浇筑桩身混凝土。当钢筋笼全部下放完成后就可以浇筑桩身混凝土了。由于桩孔内都是护壁的泥浆，所以桩身混凝土只能采用水下灌注的方式，即在不排出泥浆的条件下浇筑混凝土。其施工过程如下：

首先在孔内，即钢筋笼中间位置下放直径 200～300 毫米的钢导管，导管底部距孔底大约 30～40 厘米，导管顶部连接一个漏斗结构，并且在漏斗内放置一个球塞，用绳系牢。施工时先在漏斗内灌入流动性好的混凝土，混凝土最好填满整个漏斗，然后灌注时割断球塞的系绳，漏斗内的混凝土开始进入导管中，同时不断向漏斗内注入混凝土，保证混凝土不间断地进入导管。此时导管内的泥浆在混凝土重力挤压下，由管底排出，灌入的混凝土就会在管底周围形成一个圆锥体，将导管的下端埋住，这样孔内的泥浆就不能流回导管内了。

然后继续不间断地向导管内灌注混凝土，边灌注混凝土，边提升导管，但是务必保证在提升过程中，始终将导管底部埋在混凝土中(2～4 米)，如此循环作业，直至桩身混凝土浇筑完成(见图 2—22)。灌注桩的标高应高出桩顶设计标高至少 0.5 米，以便凿除表面质量不好的混凝土并消除误差。

(a) 钢筋笼下放完成　(b) 下放导管

(c) 安放漏斗　(d) 水下浇筑混凝土

图 2—22　水下浇筑混凝土作业流程

钻孔灌注桩施工流程示意图，如图 2—23 所示。

(a) 埋设护筒

(b) 钻孔作业（泥浆护壁）

(c) 清孔（换泥浆）

(d) 孔内下放钢筋笼

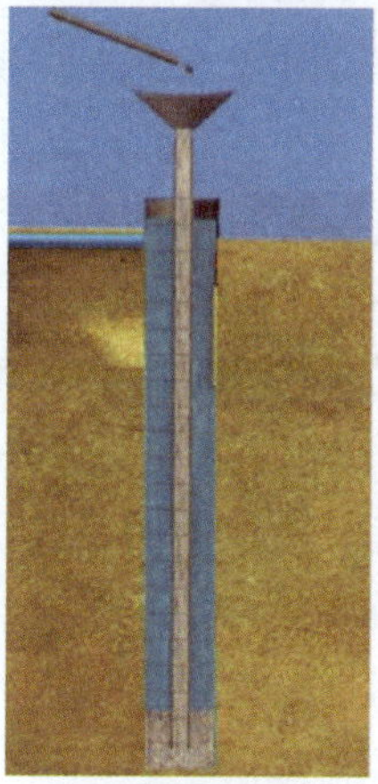
(e) 水下灌注混凝土

(f) 施工完成

图 2—23　钻孔灌注桩施工流程示意图

2.2.3　预制桩的施工

预制桩指在打桩现场或者附近就地预制。预制桩能承受较大的荷载，坚固耐久、施工速度快。常见的预制桩有实体桩和管桩两种，直径一般小于60厘米，如图2—24所示。

(a) 实体桩　　(b) 管桩

图 2—24　预制桩

由于实体桩直接挤入土体，对土体扰动较大，因此在高铁桥梁中应用极少，而空心的管桩在高铁桥梁施工中已经有所应用。图2—25是京雄高铁管桩的施工图。京雄城际铁路是北京与雄安新区之间的一条城际铁路，其中在霸州附近有1千米的高铁桥梁试验段采用了钢筋混凝土管桩施工。其施工过程如下：

(1)首节预制桩打入。采用打桩机将首节钢筋混凝土管桩打入地基。

(2)桩的接高打入。桩头距离底面大约1米时，将第二节管桩与第一节管桩通过法兰盘连接，然后打入，如此循环作业，直到打入到设计标高。

(3)钻孔。管桩打入到设计标高后，在管桩孔内采用螺旋钻机进行钻孔作业。钻孔过程中由于有钢筋混凝土管壁的防护，所以不存在塌孔的风险，不需要制造泥浆来护壁，如果有地下水也不需要排出。

(4)管桩孔内下放钢筋笼。当钻孔到设计标高后，使用吊车逐段下放钢筋笼，施工方法与现浇桩相似。

(5)管内水下浇筑混凝土。在钢筋笼内下放导管，管桩内水下浇筑混凝土，直至设计标高，施工方法与现浇桩相似。

(a) 打入钢筋混凝土管桩　　(b) 墩位的钢管桩群

图 2—25　京雄高铁管桩施工

2.2.4　桩基检验

桩基施工完成后，需要检测桩的质量。常见的检测方法有两种：一种是超声波检测，通过钢筋笼上预埋的声测管，使用超声检测仪来检测桩的质量；另一种就是静载试验，使用千斤顶或重物对桩进行现场加压做试验，如图 2—26 所示。

(a) 钢筋笼中的声测管　　(b) 声测管检测桩基

图 2—26　桩基检验设施

(c) 重物加载试验　　(d) 千斤顶加载试验

图 2—26　桩基检验设施(续)

2.2.5　承台施工

当所有的桩都施工完成并检验合格以后，就可以开挖基坑，再绑扎钢筋，并立模板浇筑承台结构的混凝土。陆地、水中承台施工过程如下。

(1)陆地桩基的承台施工。陆地桩基承台一般埋深较浅，可以直接排水开挖基坑，或者在围堰等支护结构的防护下排水开挖基坑，其方法和明挖基础的基坑开挖一样。基坑开挖到设计深度后，就可以拆除或割除钢护筒，同时把现浇桩的桩头混凝土打掉，露出桩身钢筋，如图 2—27 所示。

露出桩身钢筋后就可以绑扎承台钢筋。由于承台钢筋骨架和墩身钢筋是绑扎在一起的，所以在绑扎承台钢筋骨架的同时，需要绑扎墩身部分的钢筋，然后立模浇筑承台混凝土。

(a) 破碎桩头混凝土　　(b) 露出桩身钢筋

图 2—27　陆地桩基的承台施工

(c) 承台钢筋骨架绑扎

(d) 承台混凝土浇筑

图 2—27　陆地桩基的承台施工(续)

(2)水中桩基的承台施工。对于水中桩基承台施工,需要先施工围堰,并对围堰封底并抽水,创造一个无水空间,其他施工工序与陆地桩基承台施工相同。浅水区承台施工,可采用筑岛或者钢板桩、钢管桩围堰等支护结构,形成一个无水空间。围堰构造、施工与陆地桩基承台施工过程相同。对于深水区的承台施工,采用的围堰除了明挖基础部分介绍的钢板桩、钢管桩围堰外,还常采用钢套箱围堰。最常见的是带底的钢吊箱围堰和带刃脚无底的双壁钢围堰,它们均属于钢套箱围堰。并且由于水深较大,基坑开挖过程中无法排干水,需要水下进行封底混凝土作业。下面简单介绍钢吊箱围堰和双壁钢围堰的构造和施工工艺。

钢吊箱围堰适用于承台底面位于河床面以上的承台,且多为单壁结构,即只有一层钢板。钢板外侧焊接竖向和水平肋(钢板、槽钢或者工字钢)(见图 2—28)。

(a) 底节钢吊箱围堰构造（浮运中）

(b) 底节钢吊箱起吊下放

图 2—28　水中桩基的承台施工

桩基施工完成后，就可以制作底节钢吊箱。底节钢吊箱围堰底板的桩位置留有圆孔，把底节钢吊箱围堰底部的孔洞对准各个桩位，使其通过自重下沉到设计标高，然后在设计标高位置的桩护筒上进行焊接牛腿施工，用来支撑钢吊箱围堰的重量。

钢吊箱逐节接高下沉到位后，就可以在钢吊箱内下导管。由于钢吊箱的内面积很大，因此还需要在围堰内同时下放多个钢导管，进行水下浇筑混凝土封底作业（见图 2—29）。水下浇筑封底混凝土的厚度一般为 1～3 米，待封底混凝土达到设计强度后，就可以在围堰内抽水，创造一个无水空间。之后割除钢护筒，对桩头进行处理，再进行承台施工，这些工序与陆地桩基承台施工过程相同。

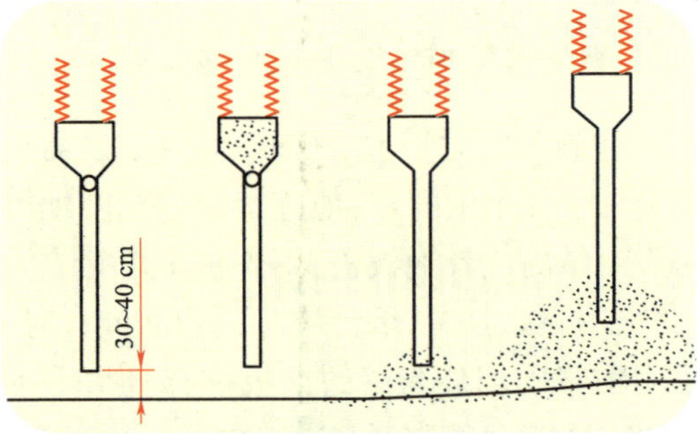

图 2—29　多导管水下封底混凝土作业示意图

双壁钢围堰是带刃脚的围堰结构，底节围堰壁的根部有刃脚结构可以切入河床，因此双壁围堰适用于承台底面位于河床面以下的承台施工。双壁钢围堰的堰壁主体是由有加劲肋焊接的内外壁板（厚度 4～6 毫米）和若干层水平桁架组成。围堰的堰壁底端设刃脚，以便于围堰下沉切入土层，如图 2—30 所示。

(a) 矩形双壁钢围堰　　(b) 双壁钢围堰刃脚

图 2—30　双壁钢围堰

双壁钢围堰的施工工艺如下:分节制造,逐节接高下沉,下沉过程中刃脚切入河床。为了帮助围堰下沉,可在围堰的双壁之间注水(也可浇筑一定高度的混凝土,然后再注水)。在围堰下沉过程中,围堰中间一般带水(不排水)开挖,施工中多采用长臂钩机开挖围堰内的基坑土层,结合围堰内不排水开挖和围堰刃脚下切沉入土层,当双壁钢围堰下沉到设计深度后,停止挖土和围堰下沉,采用多导管水下灌注混凝土对围堰封底,抽水后创造无水空间,割除多余护筒、桩头处理、承台施工等。图 2—31 展示的是双壁钢围堰水中施工承台流程示意图。

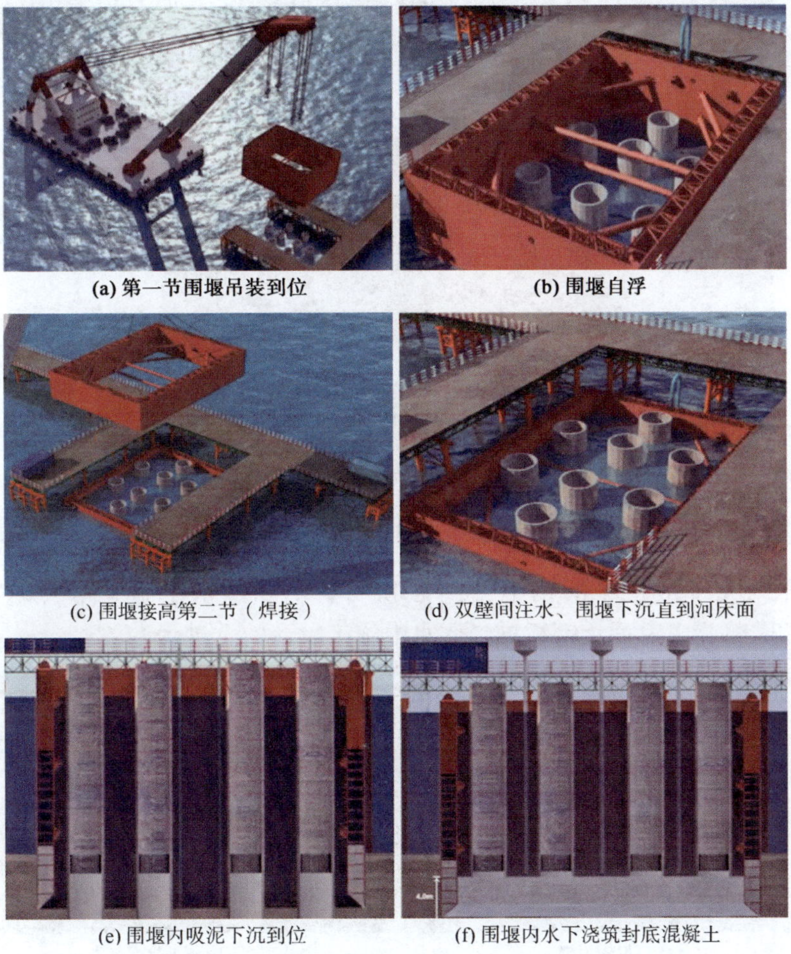

(a) 第一节围堰吊装到位　(b) 围堰自浮

(c) 围堰接高第二节（焊接）　(d) 双壁间注水、围堰下沉直到河床面

(e) 围堰内吸泥下沉到位　(f) 围堰内水下浇筑封底混凝土

图 2—31　双壁钢围堰水中施工承台流程示意图

(g) 围堰内抽水

(h) 割除所有桩的护筒

(i) 浇筑承台

图 2—31　双壁钢围堰水中施工承台流程示意图(续)

介绍完了最常见的钢吊箱围堰和双壁钢围堰水中施工承台的方法，图 2—32 将为大家展示钢板桩围堰水中施工承台的全过程。

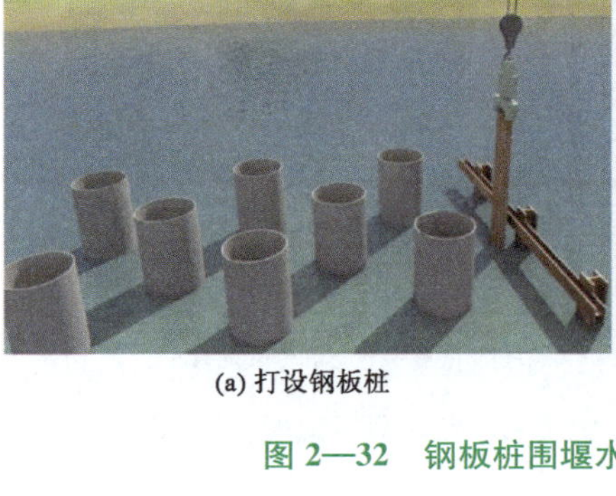

(a) 打设钢板桩

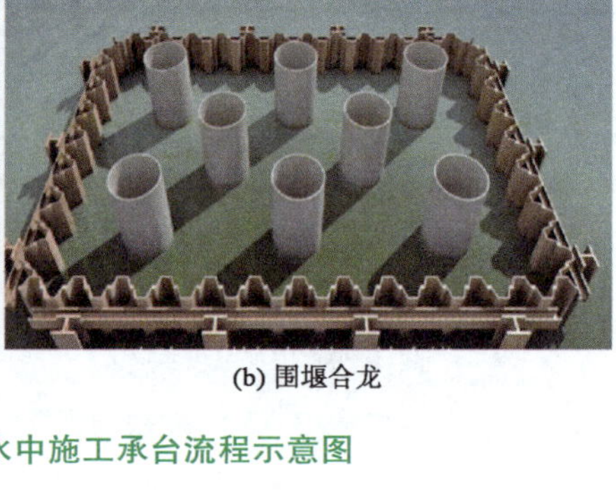

(b) 围堰合龙

图 2—32　钢板桩围堰水中施工承台流程示意图

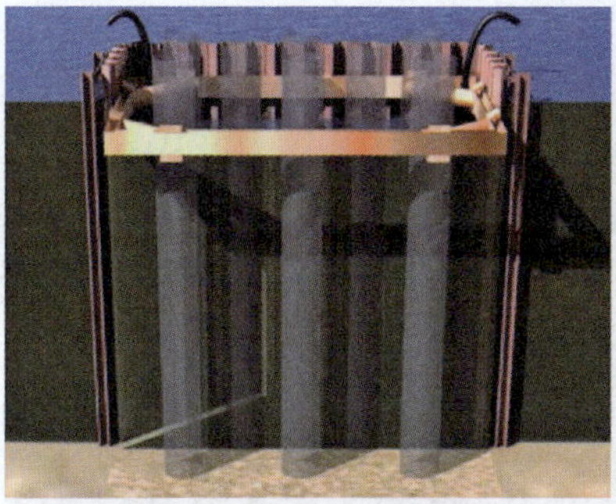

(c) 抽水安装第一层支撑体系

(d) 抽水、挖土安装各层支撑体系

(e) 浇筑封底混凝土

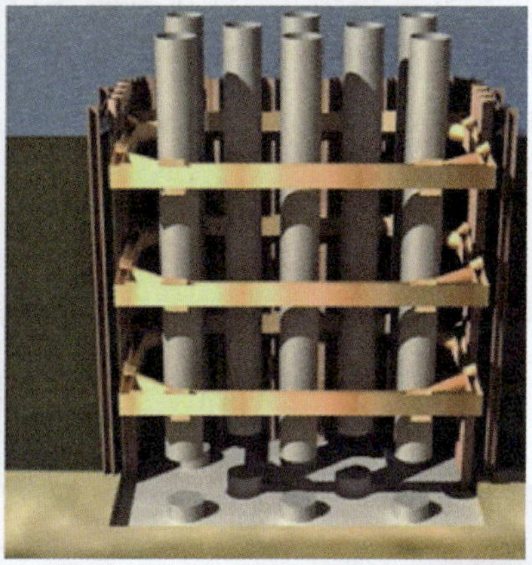

(f) 割除护筒

(g) 绑扎承台钢筋

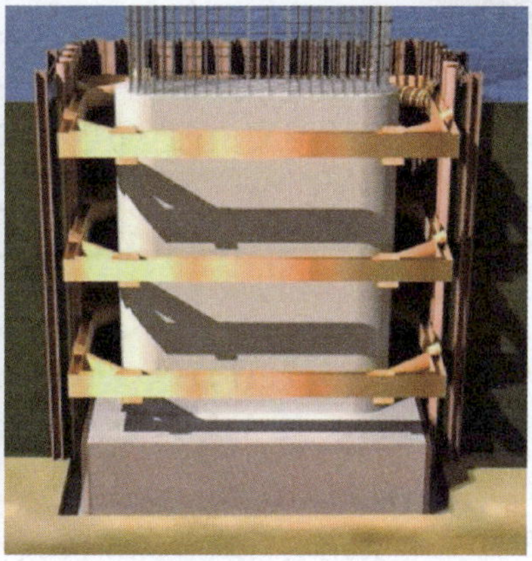

(h) 立模板浇筑承台、桥墩

图 2—32　钢板桩围堰水中施工承台流程示意图(续)

2.3 沉井基础施工

沉井基础的应用由来已久，它是由古老的掘井作业演化发展而成的一种施工方法。不过古代的掘井作业一般采用砖砌结构砌筑成井，而作为桥梁基础的沉井基础多采用钢筋混凝土结构，且不是在地下挖掘施工，而是在地面上制作一个钢筋混凝土结构的井筒状的结构物，即沉井，然后在钢筋混凝土井壁的防护下，在井筒内不断挖土，使沉井在重力作用下逐渐下沉。沉井下沉到位后，对井筒底部空间浇筑混凝土（称为封底），并在井筒中填充土石或者浇筑混凝土，井顶上方加盖，再盖上就可以施工桥墩了，如图 2—33 所示。

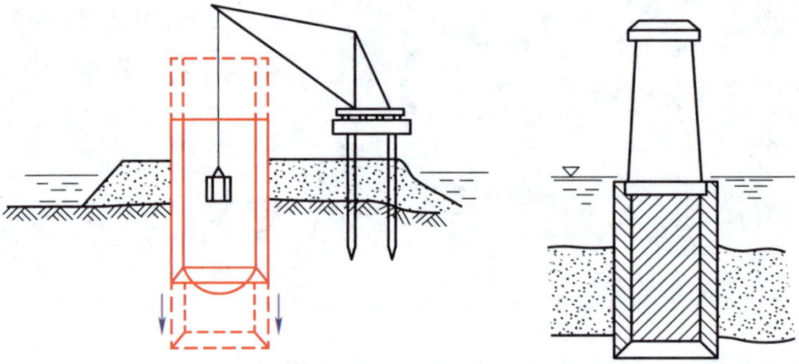

图 2—33　沉井基础示意图

沉井基础尺寸很大，有的沉井有三个篮球场的面积大小。沉井基础的埋置深度大、整体性强、稳定性好，有较大的承载面积，能承受较大荷载。

2.3.1　沉井基础构造

沉井的主要构造包括：(1)刃脚：减少沉井下沉阻力；(2)井壁：下沉过程中承担沉井外侧的水、土的侧压力；(3)内隔墙（即内墙）：把井孔分为若干小孔，可以加强沉井刚度；(4)井孔（即取土孔）：挖土和运土的通道，沉井施工完成后需要在井孔中填充土石或者浇筑混凝土；(5)封底：把荷载传递给地基；(6)井盖（顶板）：便于施工桥墩和桥台，如图 2—34 所示。

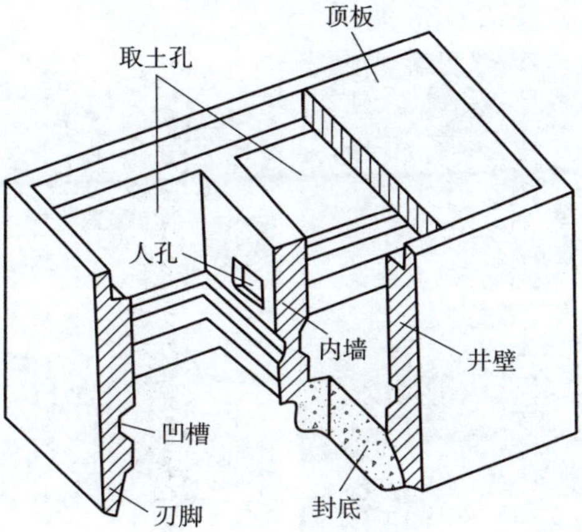

图 2—34 沉井构造

2.3.2 沉井基础的施工方法

沉井基础多采用钢筋混凝土结构，其施工方法有两大类：就地浇筑下沉施工和浮运下沉施工。

就地浇筑下沉的沉井需要在无地表水的条件下施工，如果有少量地表水，可以人工筑岛。沉井可就地制造、挖土下沉、封底、充填井孔以及浇筑顶板。其施工工序如下：

(1)场地准备。墩台位无水或水位较低时，需平整场地建造沉井；若有地面水，则需筑岛建造沉井。底节沉井刃脚的外部是一个很尖锐的钢结构，如果刃脚直接和地面接触，并制造重量达到百吨甚至上千吨的沉井，在巨大重力作用下，刃脚就会切入土中；如果重量不均衡或者刃脚周围的阻力不均衡，整个沉井就会产生倾斜。为了避免刃脚提前切入土层，同时也为了防止沉井发生倾斜，工程技术人员会在刃脚的下方铺设垫木，增加刃脚与土层的接触面积，这就是通常所说的垫木法。

(2)底节沉井的制作。垫木铺好后就可制作底节沉井，其工序为：立内模、焊接刃脚角钢、绑扎钢筋、立外模、灌筑混凝土。

(3)底节沉井下沉。先拆除沉井内外模板，待混凝土达到规定强度后，就可拆除垫木或挖去土模。沉井在自重作用下下沉，同时在井内除土，减少或消除刃脚的正面阻力，有利于沉井下沉。

(4)沉井接高。多节沉井施工时，制造与下沉两项工作交替进行，施工内容与(2)(3)项相同,如图 2—35 所示。

图 2—35　沉井接高

(5)井顶围堰。沉井顶面一般位于最低水位或地面以下,因此沉井沉至设计标高之前,一般应作井顶围堰,才能在继续下沉时防止水、土进入井孔中。

(6)清基封底。当沉井沉至设计标高后,要对基底进行清理、检查和处理,合格后方可进行混凝土封底。如果地下水位很低,也可以排干水,再开挖施工,最后直接浇筑混凝土进行封底,如图 2—36 所示。

图 2—36　排水开挖的沉井底部

如果地下水位较高,无法排干水,则需要不排水开挖作业,即水下浇筑混凝土封底的方法。水下封底作业工艺与深水桩基础承台施工的封底作业相同。

(7)填充、顶盖浇筑。当封底混凝土达到一定强度后,即可抽完水,向井孔内填充土石,最后浇筑钢筋混凝土沉井的顶盖,继续施工墩身等。

就地浇筑沉井的施工流程示意图,如图 2—37 所示。

(a) 测量定位

(b) 铺设垫木

(c) 底节沉井制作

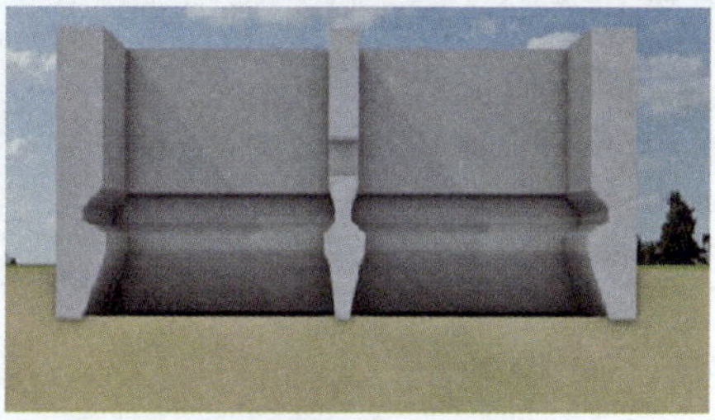

(d) 抽调垫木、沉井下沉

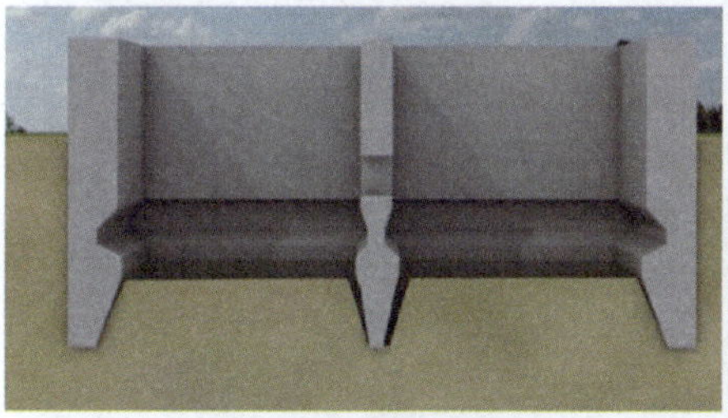

(e) 井内挖土、沉井下沉

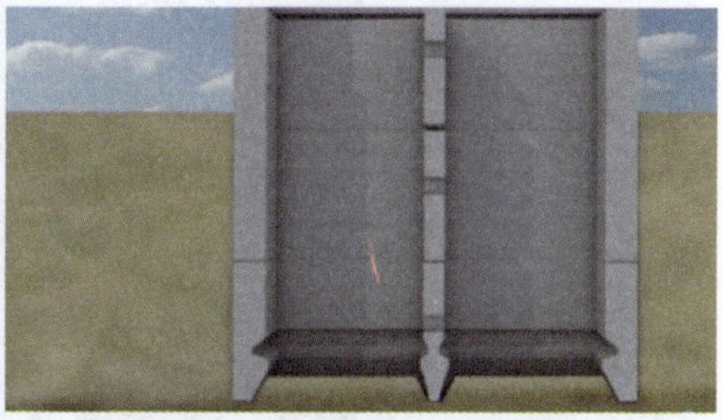

(f) 不断接高下沉

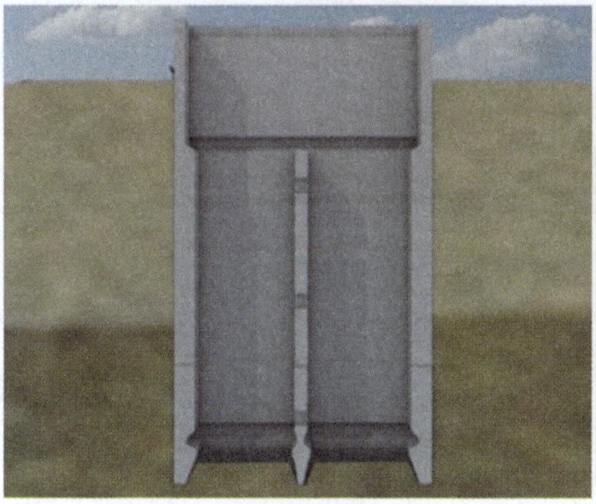

(g) 井顶围堰

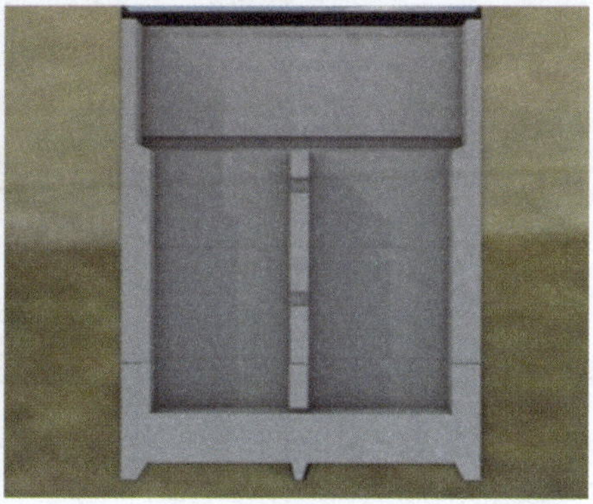

(h) 封底（沉到位置后）

图 2—37　沉井施工步骤示意图

(i) 井孔内填充

(j) 加盖

(k) 施工桥墩

图 2—37　沉井施工步骤示意图(续)

对于深水区的沉井基础施工，当无法筑岛就地浇筑下沉作业时，就需要采用浮运沉井施工(见图 2—38)。浮运沉井多为钢壳结构，为了实现自浮，沉井井壁多为双壁结构。如果是单壁结构，为了实现自浮，则需要在沉井结构上固定气囊。

图 2—38　浮运沉井施工

浮运钢沉井施工的流程如下：

(1)在陆地上分节制作沉井。

(2)采用拖船将沉井浮运到设计位置，在井壁中间注水，实现沉井的下沉，接高继续下沉，循环作业。

(3)施工井顶围堰(多采用钢围堰)。由于沉井顶面多位于水下，所以需要施工井顶围堰进行防水，然后采用不排水开挖的方式(井孔内不抽水)在井孔中开挖土层。

(4)直到沉井沉到设计标高后，采用水下封底混凝土施工。

(5)封底混凝土达到设计强度后，抽干水，在井孔内填充。

(6)施工井盖和墩身直至墩身露出水面。

2.4 其他基础施工简介

高铁桥梁基础除了前面的明挖基础、桩基础、沉井基础以外，还有一些其他基础结构，如管柱基础、气压沉箱基础等。

2.4.1 管柱基础施工

管柱是一种大直径桩基础，适用于深水、有潮汐影响以及岩面起伏不平的河床。管柱基础的构造一般为垂直的多排布置，其形式与桩基础类似，但是直径一般较大，现在预制的管柱直径已经达到了 5.8 米。管柱基础与预制打入桩基础相似，其区别在于管柱下端有一部分嵌入岩层，形成柱塞。由于柱塞的存在，桥梁的所有荷载可以向岩层深处传递(见图 2—39)。管柱的材料多采用钢筋混凝土、预应力混凝土结构和钢管柱。其中钢管柱的自重较轻，对起吊能力要求不高，但制造工艺要求高，造价较贵，极少采用。最常见的为混凝土材料的管柱。

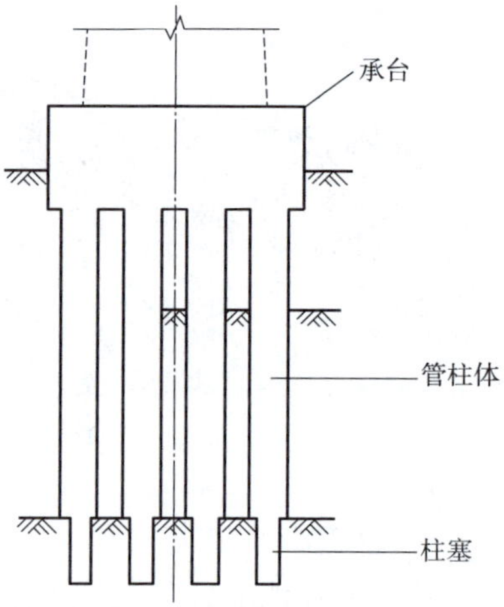

图 2—39 管柱基础

管柱基础的前期施工过程与打入预制桩相似。不同的是，当管桩(中空结构)打入到岩层表面，无法继续击打下沉时，需以管壁作为防护结构，在管柱空腔内钻孔直至深入到岩层内一定深度(柱塞孔)，然后在管内中腔和柱塞孔中下放钢筋笼，水下灌注混凝土(与桩基础相同)。当管柱施工完成后，其上承台的施工方法与桩基础的承台施工相同。

2.4.2 气压沉箱基础施工

气压沉箱基础的构造与沉井基础相似。两者的区别在于气压沉箱的箱体是实体结构，其下方刃脚区域有一个工作室，在箱体中间有一个升降通道和井管构造，如图 2—40 所示。

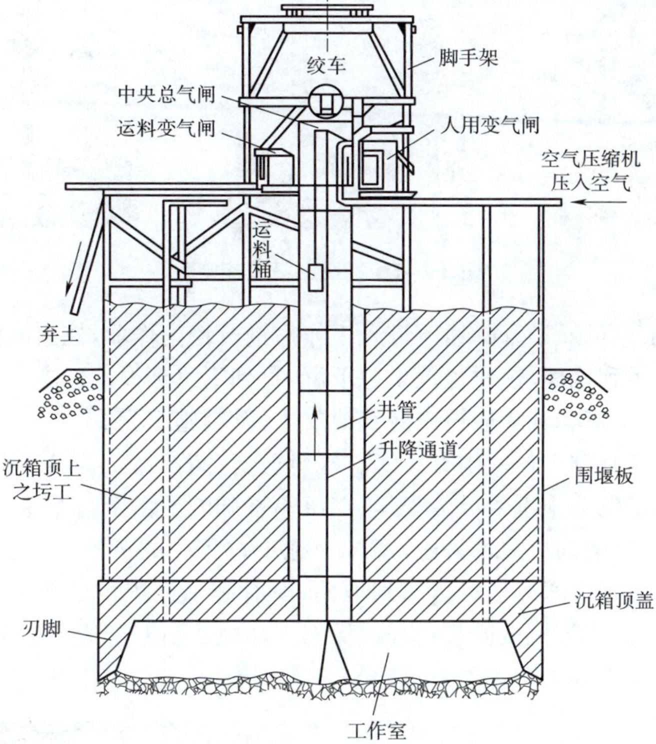

图 2—40　气压沉箱的构造

气压沉箱工作原理如下：在沉箱结构的底部设置一个空腔结构，称为工作室，通过沉箱箱体中间的通道向工作室内注入压缩空气，将工作室内的水逼出来，这样工作室内就是一个高压无水的空间。将挖土机等机械设备通过沉箱的中间通道运送到工作室内，通过远程遥控进行挖土作业。在挖土的过程中，沉箱就会在自重的作用下不断下沉，当下沉到指定深度后，将施工机械运出，并在工作室内浇筑混凝土，沉箱基础就施工完成了，如图 2—41 所示。

气压沉箱基础的施工过程如下：

(1)预制沉箱基础，包括工作室、顶盖、刃脚等结构。沉箱的制造和撤垫木下沉的方法与沉井基本相同。

(2)沉箱在下沉之前，先安装井管和气闸，然后挖土下沉。如果有地下水，则需要在工作室内注入压缩空气，将水逼出来，创造一个无水的空间。

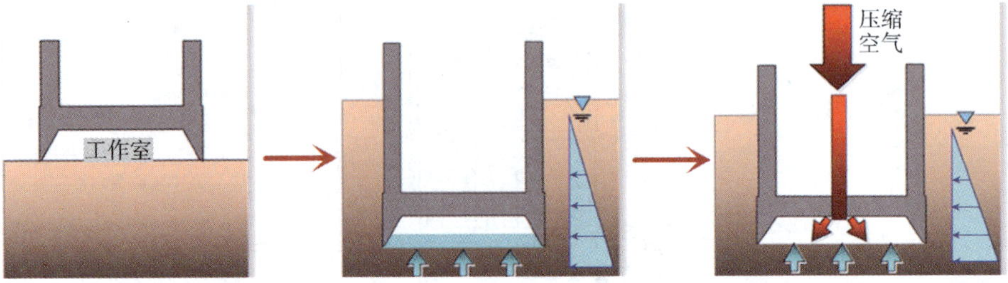

图 2—41　气压沉箱工艺原理

(3)施工人员通过升降通道进入工作室进行挖土作业，挖出来的土同样通过升降通道运到地面，这样边挖土边下沉，直到下沉到设计位置。

(4)在工作室和升降通道内浇筑混凝土，沉箱施工完成。

由于沉箱基础工作室内有压缩空气，气压较高，对施工人员的身体危害很大。现在为了保障施工人员的安全，在沉箱基础的工作室内作业采用无人化、机械化、自动化的现代技术手段，即沉箱施工过程中的机械开挖、出土等工作均由立体摄像机将所有信息传递到地面，所有施工过程均由技术人员通过遥控进行，而挖掘机等机械回收、检修、保养工作也都由升降通道运至地面进行。气压沉箱工作室内无人化作业，如图 2—42 所示。

图 2—42　气压沉箱工作室内无人化作业

3
高铁桥梁墩台施工

墩台施工是桥梁施工的重要组成部分，当桥梁基础施工完成后，就需要在各种类型基础上面进行桥梁墩台的施工了。桥梁结构一般是很多桥孔结构，中间的支承结构称为桥墩，两侧与路堤衔接的支撑结构称为桥台，桥台一般需要埋在土中一部分，如图 3—1 所示。

(a) 高铁桥墩（在建高铁）

(b) 高铁桥墩（运营高铁）

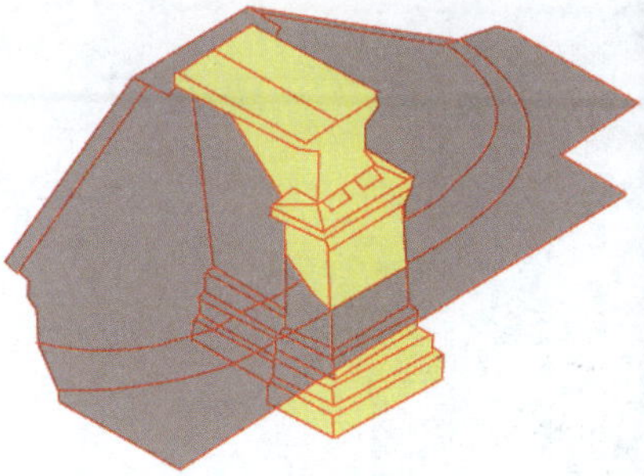
(c) 高铁桥台效果图

(d) 高铁桥台（在建高铁）

图 3—1　高铁墩台

高铁的桥墩一般由墩帽和墩身组成。上部体积较大，形状像帽子，称为墩帽；直接支撑桥梁，下部主体结构称为墩身。如果把墩身水平剖切，其截面形状有矩形、圆形、圆端形（中间是个长方形，两侧为两个半圆结构）和尖端形（上游侧的墩身有一个尖端）4 种形式（见图 3—2），其中高铁桥墩最常见的为矩形和圆端形。

(a) 矩形　(b) 圆形　(c) 圆端形　(d) 尖端形

图 3—2　高铁桥墩形式

高铁的桥台结构与桥墩相似，也包括上部像帽子一样的结构，即台帽和下部台身两部分构成，台身的形状常见的就是 T 型（见图 3—3）。建成以后桥台的台身部分埋入土中。

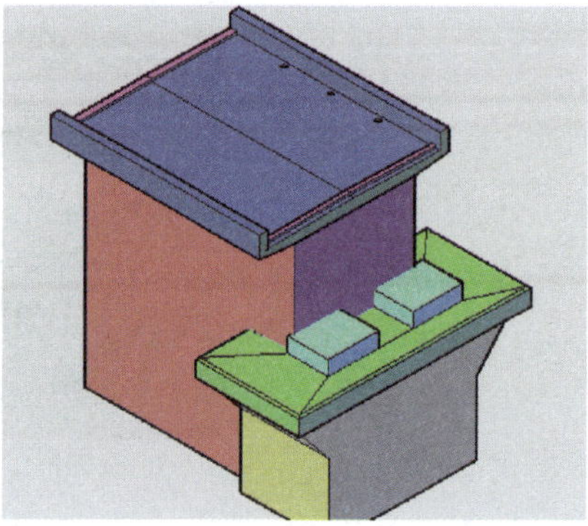

图 3—3　T 型桥台

根据线路和地形的情况，有的桥墩、桥台矮，有的桥墩、桥台则比较高。高墩的高度可达数十米，最高的桥墩可达到 150 米以上。如果叠加上桥塔的高度，其总高度可达到 200 米以上。一般高度小于 30 米的称为普通桥墩，高度大于 30 米的称为高墩。由于桥台与路基相衔接，桥台高度一般不会超过 30 米，下面分别介绍普通桥墩、桥台和高墩的施工。

3.1 普通桥墩和桥台的施工

高度较矮的桥台和高度小于 30 米的普通桥墩多采用钢筋混凝土结构，并且在现场现浇施工，也有部分桥墩采用工厂预制，现场安装的施工工艺。下面分别介绍这两大类施工方法。

3.1.1 现浇施工

高铁桥梁的桥墩和桥台多为混凝土结构，为了保证桥墩的整体性和抗震性，一般采用在施工现场浇筑的方法进行，即现浇施工。其施工过程如下：

(1)绑扎墩身钢筋。普通的高铁桥墩和桥台一般为实体混凝土结构，并配有钢筋骨架，因此需要先绑扎墩身钢筋。根据第 2 章高铁桥梁基础施工的介绍，桥墩的钢筋与承台钢筋是绑扎在一起的，因此在施工承台或者明挖基础时，只需要把墩(台)的钢筋骨架接高即可，如图 3—4 所示。

图 3—4 桥墩的钢筋骨架

(2)立模板。在绑扎完钢筋骨架后,就可以施工桥墩(台)的模板了。模板需要根据墩身形状加工制作,如果桥墩(台)高度较大,分节绑扎钢筋、立模可交替进行,每节段模板的高度一般为3～5米。为了保证浇筑混凝土面达到要求,一般采用钢结构的大块模板,并对模板进行加固,如图3—5所示。

(a) 整体浇筑的墩身模板　　(b) 分节浇筑的墩身模板

图3—5　立模板

(3)浇筑混凝土。模板完成并加固后,就可进行浇筑混凝土作业,并且在浇筑过程中进行振捣,确保混凝土的密实度,如图3—6所示。

图3—6　浇筑桥墩混凝土

(4)养护和拆模。浇筑完混凝土后，需要对混凝土进行养护。多采用洒水、覆盖塑料膜保湿的方法，当混凝土强度达标后就可拆除模板。拆模后需要继续进行养护工作，直到混凝土的强度达到标准，如图 3—7 所示。

(a) 塑料膜保湿

(b) 塑料膜保湿

(c) 洒水养护

图 3—7　养护和拆模

3.1.2　预制、安装施工

高铁桥梁除了施工现场浇筑的方法以外，有的还采用工厂预制、现场安装的施工工艺。京雄高铁有一段铁路的桥墩就采用了此方法。预制安装桥墩的施工过程如下：

(1)工厂预制。桥墩整体在工厂预制。如果墩身较高，则需要分几个分节段预制。为了与承台或者相邻预制墩身连接，预制的桥墩内预留有孔道。

(2)现场安装。预制好的桥墩节段运到现场后，像拼积木一样拼接起来，相邻墩身拼接、墩身与承台在进行拼接时，需要先在结合面上铺设一层粘结剂，同时在预制节段的预留孔洞内压入水泥浆，保证连接牢固、可靠，如图 3—8 所示。

目前，高铁桥墩预制拼装技术很少应用。2019 年只在京雄城际铁路进行了首次应用，也只是在一个 1 千米长线路的桥墩使用了该技术，该施工方法的可靠性还需要进行相关研究以及实践检验。

图 3—8　预制拼装的桥墩(孔道未灌浆)

3.2　高墩的施工

高度超过 30 米的桥墩,称为高墩。为了减轻重量,高墩一般采用空心结构,通常也叫空心墩。高墩基本上都采用钢筋混凝土结构,高墩的底部面积大,顶部面积小,也就是说桥墩的侧面是一个坡面,而不是竖直面,有的桥墩的四个侧面都是坡面。例如银西高速铁路(银川至西安的高速铁路)的漠谷河 2 号特大桥,其 4 号桥墩高达 87 米,相当于 29 层楼的高度,其桥墩是一个圆端形结构,四个面均为坡面。郑万高铁(郑州至万州的高速铁路)的两河口特大桥位于湖北段保康县马桥镇,其 6 号桥墩高 111 米,是郑万高铁湖北段的第一高墩,桥墩为一个矩形结构桥墩,桥墩的四个面均为坡面构造,如图 3—9 所示。

(a) 漠谷河2号特大桥高墩　　(b) 郑万高铁两河口特大桥高墩

图 3—9　特大桥高墩

高墩的施工一般是在施工现场浇筑完成。下面分别介绍常用的滑模、爬模和翻模三种高墩施工方法。

3.2.1 滑模施工

滑模施工，顾名思义，即为采用滑动的模板结构进行施工。滑模施工过程采用一个节段的模板体系，高度为 3～5 米，模板体系连同施工的临时支架结构采用整体安装。其施工过程为：先绑扎钢筋骨架，然后安装滑动模板的整个体系，并开始浇灌注入混凝土，在灌注混凝土的同时，依靠千斤顶提升整个模板系统，这样模板面就会沿着已经有一定强度的混凝土面慢慢向上滑升，这样可以实现连续不断地灌筑混凝土，直至该节段的墩身混凝土全部浇筑完成。之后再绑扎下一阶段桥墩的钢筋骨架，如此循环作业，如图 3—10 所示。

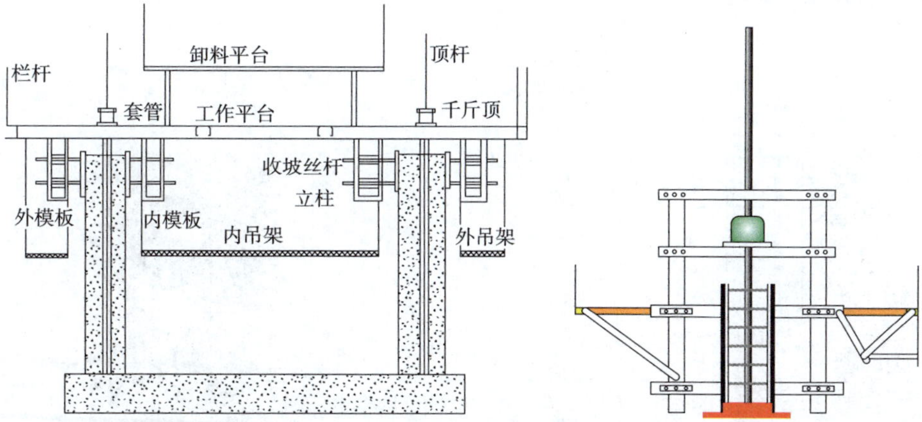

图 3—10　滑模系统

滑模可以调节桥墩侧面坡度的问题。滑模收坡主要靠转动模板外侧的收坡丝杆来移动模板。对于弧面结构，在内、外模板提升的同时，根据墩内外半径缩小的情况，在辐射方向变更模板位置。当然对于非平面结构，也可以调整收坡丝杆改变模板的宽度。这样在提升过程中，随着桥墩尺寸的缩小，模板的周长（宽度）也可以相应缩短。这种操作可使固定模板之间的活动模板产生相互搭叠的作用（见图 3—11）。随着墩身截面周长（宽度）的缩短，模板搭叠范围将不断扩大，待搭叠扩大至一定限度时，可抽出部分活动模板，再继续提升收坡。

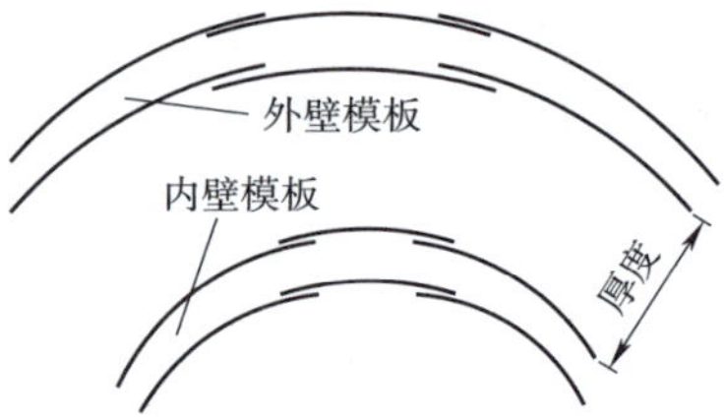

图 3—11 滑模收坡原理

滑模施工的墩台整体性好，施工速度快，高空施工安全，但刚浇筑不久的混凝土强度比较低，模板滑升时，模板表面容易与混凝土骨料产生粘结，从而出现挂浆现象，这样混凝土表面容易出现划痕，墩身表面的质量难以控制。因此，目前高墩施工一般较少采用滑模施工的工艺。

3.2.2 爬模施工

爬模是在滑模的基础上研发的一种适合高墩施工的模板系统，它克服了滑模的缺点，即在模板爬升过程中，模板面已经离开浇筑的混凝土表面。爬架体系的构造，如图 3—12 所示。

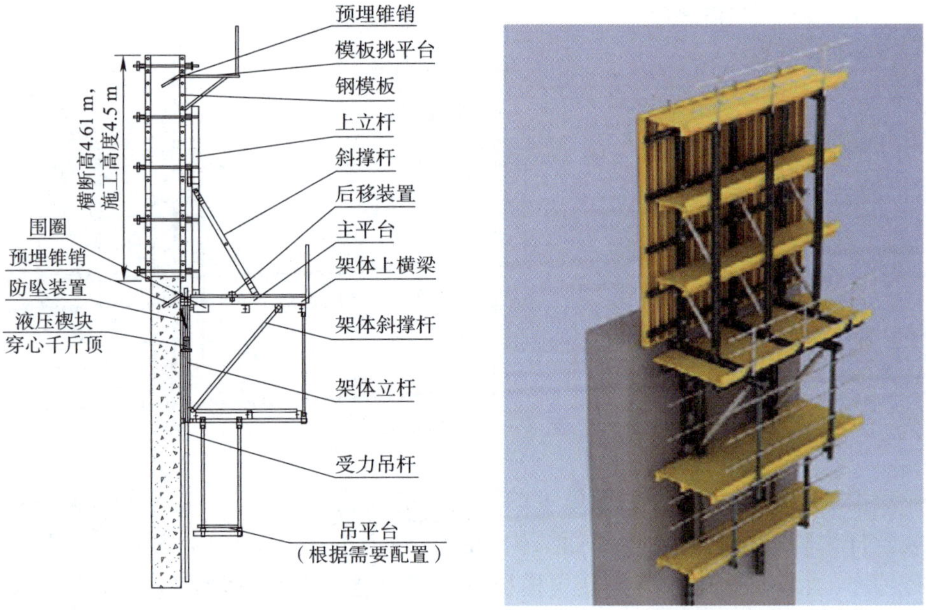

(a) 爬架构造　　(b) 爬架效果图

图 3—12 施工中的爬架

(c) 爬架

图 3—12 施工中的爬架(续)

爬模施工的过程如下:

(1)爬架固定。以凝固好的空心桥墩(具有一定强度)的混凝土墩壁为受力主体,爬模体系通过预埋构件(通常称为爬锥)固定在已经浇筑完成的墩身上。

(2)模板脱模。通过水平后移装置,使得模板离开浇筑好的混凝土面。

(3)爬架爬升、固定。混凝土养护达到设计强度后,通过竖向千斤顶(液压穿心千斤顶)使整个模板系统上升,直到爬升到相应位置后,把爬架上端固定在墩身预埋件上(爬锥)。

(4)绑扎钢筋、合模。绑扎钢筋完成后可借助后移装置使模板移动到位(合模),并对模板进行调整模板,实现收坡。

(5)浇筑混凝土。模板调整加固完成后,浇筑该节段的墩身混凝土,当混凝土养护到一定强度后,就可以脱模、爬升,进行下一个循环作业流程,如图 3—13 所示。

3.2.3 翻模施工

翻模是由传统滑模演变而来的,翻模技术引入铁路桥梁施工后,经实际使用,效果良好。翻模体系是由上、中、下三组模板组成。随着混凝土的连续灌注,下层模板内的混凝土达到设计强度后,自下而上将模板逐节拆除,并持续在上方重新支立,同时进行模板的收坡调整并浇筑混凝土,如此循环往复。模板不断地上翻,浇筑混凝土,直至完成整个桥墩的混凝土灌注工作。不同于爬

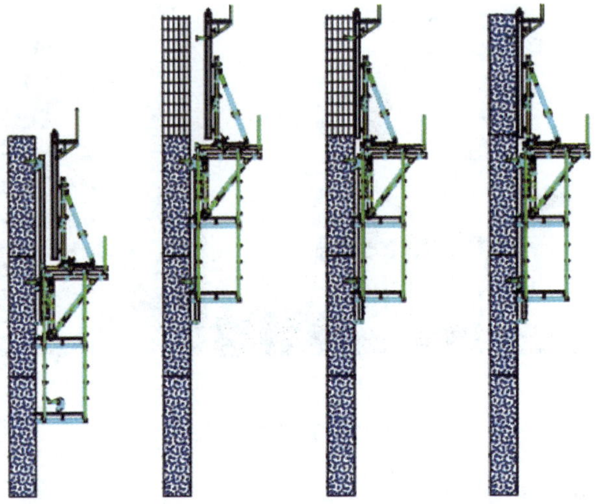

图 3—13　爬模施工流程

模施工，翻模施工的模板系统是通过塔吊等起吊设备向上运输安装的，不是靠千斤顶自行爬升的，如图 3—14 所示。

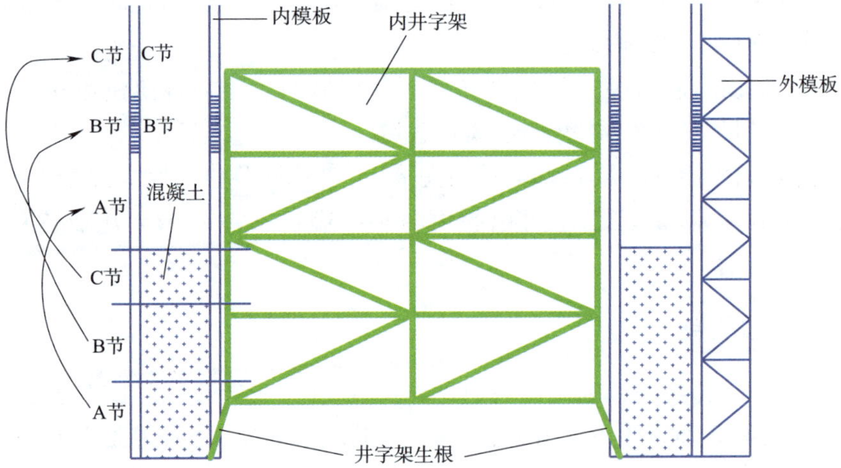

图 3—14　翻模系统示意图

相对于爬模和滑模施工，翻模施工有以下显著的优点：(1)施工的桥墩外观质量好，墩身表面光滑平顺。(2)施工进度较快，模板的翻升和灌注混凝土可同时进行。(3)较好地解决了高墩收坡问题，操作简单方便，适用于圆形、圆端形、矩形等各种截面形式的高墩施工。基于此，高墩的翻模施工在工程应用中非常普遍(见图 3—15)。爬模和翻模施工也可用于低于 30 米高度的桥墩施工。

(a) 圆端形桥墩的翻模施工　　(b) 矩形桥墩的翻模施工

图 3—15　高墩的翻模施工

4 高铁简支梁施工

简支梁是指简单支撑的梁，即在一孔梁的两端设支撑结构（称为支座），再将梁的两端搁置在支座上。桥梁支座仅起到支撑作用，梁体在支座位置可以顺桥向移动。高铁简支梁的材料多采用预应力钢筋混凝土结构，如图 4—1 所示。

(a) 架设箱梁　(b) 制梁场

(c) 高铁简支梁架设完成　(d) 高铁简支梁投入运营

图 4—1　高铁预应力混凝土简支梁

简支梁不仅可以批量施工，且每一孔都是一个独立的结构体。相邻的简支梁之间设一个缝隙，以保证梁体能够自由伸缩。即使某一孔梁损坏或者需要更换，也不会影响其他梁。因此，简支梁是高铁应用最广泛的桥梁结构形式。

此外，为了保证高铁列车的稳定性，要求高铁列车在过桥时不能发生过大幅度的震动。因此高铁简支梁材料多采用自重较大的预应力混凝土结构。跨度 32 米的一孔梁的重量就可达到 900 吨。这么重的梁体是如何施工的呢？其常用的施工方法有两大类：一是预制安装法，先在梁厂制作简支梁，然后通过架桥机架设到桥墩和桥台上；另一类方法是现浇施工，即在梁体位置，现场浇筑施工。下面分别详细介绍这两类方法。

4.1 简支梁的预制安装施工

对于多跨批量的简支梁，一般采用先预制后架梁的施工方法。梁体的预制一般在工地附近的临时梁厂制作，然后通过运梁车将梁运到工地，再采用大吨位的专用架桥机将简支梁架设到位，最后铺设轨枕和钢轨。这样可以在下部结构施工的同时，提前大批量生产梁体。批量架设的速度也很快，可以大大加快施工速度。

4.1.1 简支梁的预制

高铁简支梁一般都是在工地附近的梁厂进行预制工作。高铁简支梁重量大，如果采用普通钢筋混凝土结构制造简支梁，那么在梁体自重以及列车荷载作用下，梁体的上部区域受压，下部区域受拉，再加上混凝土这种材料抗拉能力很弱，势必会造成简支梁的下表面开裂，开裂后，空气进入就会锈蚀钢筋。为了解决该问题，高铁的简支梁普遍采用预应力混凝土结构。预应力混凝土的使用可以弥补混凝土开裂的缺陷。

在运用预应力结构解决普通钢筋混凝土简支梁下表面开裂的难题之前，首先需要搞清楚预应力的原理。所谓的预应力就是预先给混凝土的受拉区域一个预压力，即在混凝土的受拉区域内，用人工加力的方法，将钢筋进行张拉，然后利用钢筋的回缩力，使受拉区的混凝土预先承受压力。这种储存下来的预加压力即为预应力。简支梁在自身重量、列车重量等作用下，在梁体下部产生拉力时，需要首先抵消该预应力，这样能限制混凝土的伸长，从而有效延缓受拉区混凝土开裂，或使梁体下部不开裂，这就叫预应力混凝土。高铁预应力混凝土简支梁的施工工艺如下：

（1）绑扎梁体钢筋骨架。按照设计图纸绑扎梁体钢筋骨架，为了后期预应力的施加，在绑扎钢筋骨架时需要预留孔道。孔道采用塑料、锌铁皮的波纹管或者橡胶管，如图 4—2 所示。

(a) 绑扎中的钢筋骨架

(b) 完成绑扎的钢筋骨架（橡胶管）

(c) 橡胶管

(d) 波纹管（锌铁皮）

图 4—2　绑扎梁体钢筋骨架

（2）立模浇筑混凝土。高铁简支梁多为空心结构，即为箱型截面，所以模板不仅有外部模板，还有内部模板。把内、外模板拼装完后，就可以把钢筋骨架吊入模板中，进行浇筑混凝土作业，并且边浇筑边振捣密实，确保混凝土的质量，如图 4—3 所示。

(a) 简支梁模板全景

(b) 简支梁内模

(c) 梁体浇筑施工

图 4—3 立模浇筑混凝土

(3)张拉钢筋。当混凝土浇筑完成后，需要洒水或者蒸汽养护。当养护达到要求的强度后，就可以在预留的孔道中穿入高强度的预应力钢筋。如果钢筋骨架中采用的是橡胶管成孔，则需要拔出橡胶管形成孔道。如果是塑料、锌铁皮波纹管，由于管壁很薄，则不需要拔出，可直接作为孔道。穿入钢筋后，就可以采用千斤顶在箱梁的两端对预应力钢筋进行张拉作业，并将钢筋用锚具锚固在梁体两端，锚具永久性留在梁体内，这样钢筋就永远不会回缩，即利用钢筋的回缩力实现了预应力的效果，如图 4—4 所示。

(4)压浆和封锚。由于钢筋骨架孔道的直径略大于预应力钢筋的直径，所以孔道中存在空隙。为了防止空隙中的空气引起预应力钢筋的锈蚀，还需要在孔道内压入水泥浆，把空气排出去，这个过程称之为压浆。锚具暴露在空气中也容易锈蚀，因此最后需要把锚具也用混凝土封住，这个过程称为封锚(见

图 4—5)。压浆和封锚完成后,一孔简支梁就制作完成了。

(a) 穿入预应力钢筋

(b) 张拉、锚固预应力钢筋

图 4—4　张拉钢筋

(a) 用水泥封堵锚具表面

(b) 安装压浆管道

(c) 孔道压浆作业

(d) 封锚后的梁端

图 4—5　压浆和封锚

4.1.2　简支梁的架设

高铁简支梁的重量很大,常见的 32 米跨度的简支梁就有 900 吨,因此需要专用的提梁机和架桥机进行架梁作业。架梁过程如下:

(1)运梁。用专业的提梁机把梁板放置在运梁平车上，再由运梁车把梁运到架桥机的尾部，如图 4—6 所示。

(a) 提梁机提梁　　(b) 运梁机运梁

图 4—6　运梁

(2)架设梁体。梁体由运梁车运送到架桥机的尾部后，就可由架桥机把梁架设到桥墩、桥台上。架桥机的过程分为喂梁、落梁两个主要步骤。

喂梁就是把梁运送到架桥机的肚子里去。喂梁过程如下：架桥机上方前部的起吊小车吊起梁体的前端，梁体的后端可在运梁车上滑行，当梁体尾部到达架桥机另一侧小车位置时，起吊小车吊起梁体后端，然后两个起吊小车同步纵向滑行到位，如图 4—7 所示。

图 4—7　喂梁过程

喂梁完成以后，就可以落梁了。落梁过程如下：两个起吊小车走行到位后，同步下降，把梁体准确落到桥墩（桥台）顶部的支座上，落梁过程就完成了，如图 4—8 所示。

图 4—8　落梁过程

（3）架桥机前移、循环架梁作业。当一孔梁建设完成后，架桥机就可以在该梁上走行。架桥机的走行方式有两种：一是架桥机借助一个钢梁（称为下导梁）引导走行，前支腿走行到位后（支撑到前方桥墩上）再移走下导梁，腾出架梁的空间；另一种是架桥机借助架桥机的前支腿悬臂走行，走行到位后，前支腿再沿着架桥机的钢梁走行到前方桥墩上方，支立前支腿。架桥机走行到位后，通过千斤顶把前支腿支撑在前方桥墩上方，进行下一孔梁的运梁、架梁作业，如图 4—9 所示。

(a) 架桥机在下导梁上走行　　(b) 移走下导梁

图 4—9　架桥机前移、循环架梁作业

(c) 架桥机借助前支腿悬挂走行　　(d) 架桥机前支腿借助钢梁走行

图 4—9　架桥机前移、循环架梁作业(续)

4.2　简支梁的现浇施工

前面提到的简支梁的预制架设施工方法适用于批量施工简支梁。如果简支梁数量很少,或是施工现场受地形或其他原因的影响,导致架桥机无法到达,则可考虑采用现场浇筑简支梁的办法。那么如何现浇筑简支梁呢?常见的有两种方法,一是支架现浇施工,二是移动模架施工,下面分别介绍。

4.2.1　支架法现浇施工

支架现浇,顾名思义,就是在地面上搭设支架结构,然后在支架上施工梁体。支架的形式有两种,如果地面上没障碍,则可以在地面上满布支架;如果桥梁需要跨越道路、河流等障碍则需要搭设梁柱式支架来进行施工。其施工过程如下:

(1)搭设支架。简支梁常用的支架形式有两种,满布式支架和梁柱式支架。如果采用满布支架需要先对桥梁所在范围内的地基进行处理,有时甚至需要浇筑一层混凝土,然后在地基上搭设支架结构。高铁的简支梁满布式支架结构常见的有碗扣支架和盘扣支架两种。碗扣架和盘扣架都是由厂家生产的标准件,在现场拼装而成,如图 4—10 所示。

如果采用梁柱式支架,需要施工基础,必要时还需要打桩,然后施工钢结构的立柱。立柱一般采用大直径的钢管,在立柱上方横桥向布置横梁,横梁的上方则搭设纵向的钢梁,然后就可以在纵向钢梁上方浇筑简支梁了,如图 4—11 所示。

(a) 碗扣位置构造

(b) 碗扣支架整体图

(c) 盘扣位置构造

(d) 盘扣支架整体图

图 4—10　满布式支架

图 4—11　梁柱式支架

支架搭设完成并经过预压实验确认为安全体系后，就可以在上面进行后续作业。

（2）支立模板。模板即为模具，按照梁体的尺寸来设置。模板可以采用木模或者钢模。模板的施工和预制梁制造相似，只是这里的模板需要使用吊车吊到支架上进行拼装作业。

(3)其他工序。模板立完后，就可以绑钢筋、浇筑混凝土、穿入预应力钢筋张拉、压浆封锚等，与前面预制梁的工序基本相同，只是这些工序需要在支架上方作业。图 4—12 为支架上现浇混凝土作业。

图 4—12　现浇混凝土

4.2.2　移动模架施工

简支梁除了在支架上现浇外，还可以采用移动模架施工，模板和支架结构可以移动。为了实现模架的纵向移动，需要在前方桥墩的两侧(或上方)设置临时轨道。当模架移动到一孔就位后，就可以在模板中绑扎钢筋骨架、浇筑梁体混凝土等作业，施工完一孔后，模架自动移动到下一孔，如此循环作业。

石家庄—郑州高铁跨越黄河大桥，两岸的引桥施工就采用了移动模架法施工高铁简支梁，如图 4—13 所示。

(a) 一孔浇筑完成（利用模架）　　(b) 脱模（模架脱离梁体）

图 4—13　石郑高铁郑州黄河大桥移动模架施工流程

(c) 模架前移中（借助滑道）

(d) 模架移动到位

(e) 模架合模（自两侧向中间移动）

图 4—13　石郑高铁郑州黄河大桥移动模架施工流程(续)

5 高铁连续梁桥与连续刚构桥施工

高铁简支梁的梁体两端分别支撑在两个相邻桥墩(台)的支座上。随着跨度的增加,其梁体自重呈几何级增长。受简支梁的跨度限制,其跨度一般不会太大。对于预应力混凝土结构,桥梁的跨度最大也只能达到40米。如果桥梁需要跨越较大的障碍,比如大江大河、公路、铁路等,而简支梁又无法满足要求时,则需要采用其他桥型。最常见的是连续梁、连续刚构结构。连续梁的主梁连续支承在几个桥墩(桥台)的支座上,因此连续梁有多个桥孔。连续梁两侧的两个或多个桥孔均称为边跨,中间的桥孔则称为中跨。高铁连续梁的边跨长度小,中跨长度大,一个完整的连续梁从起点到终点,工程师称之为一联(见图5—1)。如果中墩上没有支座,中墩与梁体浇筑成一体,则称为连续刚构桥,如图5—2所示。

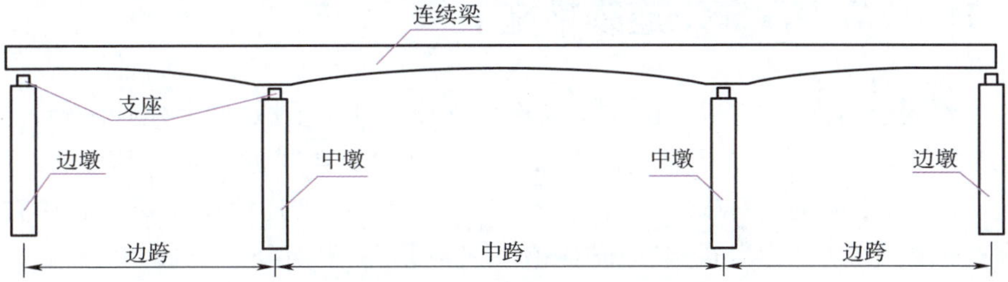

图5—1 一联连续梁结构图

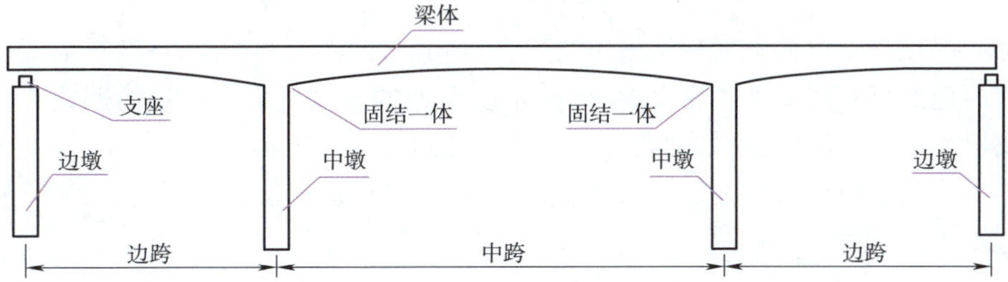

图5—2 一联连续刚构结构图

连续梁多采用预应力混凝土结构,其跨越能力可以达到 100 米以上。如果采用钢结构,其跨越能力会更大。此外,根据受力的不同,高铁预应力混凝土连续梁的梁体高度也不相同。在中间的桥墩处梁体高度大,在中跨位置和两侧两个边墩位置梁体的高度小。相比连续梁,连续刚构桥的跨越能力更大一些,如图 5—3 所示。

(a) 高铁预应力混凝土连续梁　　(b) 高铁预应力混凝土连续刚构桥

图 5—3　高铁连续梁、连续刚构桥

高铁连续梁主要采用预应力混凝土结构。有的大跨结构连续梁采用钢材制造,下面分别介绍两种材料的高铁连续梁(连续刚构)是如何施工的。

5.1　预应力混凝土连续梁施工

不同于简支梁,连续梁的主梁是连续支撑在几个桥墩(桥台)的支座上,因此预应力混凝土结构的连续梁长度更长,同时梁的高度也更高。因其重量过大,其多采用现场浇筑施工。目前,预应力混凝土高铁连续梁常用的方法有:支架现浇施工、悬臂灌筑施工、转体施工三种方法,下面分别介绍。

5.1.1　支架现浇施工

高铁连续梁的支架现浇施工与简支梁相似,两者不同的是,连续梁需要在其跨越的所有桥孔上搭设支架,也就是说支架的长度更大。支架的形式与简支梁类似,有满布式支架和梁柱式支架,如图 5—4 所示。

支架搭设完成后,就可以在支架上立模板、绑钢筋、浇筑混凝土等,后续的施工工艺与简支梁相同。

(a) 满布式支架　　(b) 梁柱式支架

图 5—4　支架现浇施工

5.1.2　悬臂灌筑施工

目前，预应力混凝土连续梁最常用的施工方法是悬臂灌筑施工法。从字面上理解，就是连续梁以每个桥墩为基地，梁体的施工向桥墩的两侧对称悬臂浇筑延长，每次浇筑 3～5 米，直至梁体交汇连接成一体，最终完成一联连续梁的施工。梁体汇合的施工称为合龙。预应力混凝土连续梁的悬臂灌筑施工是非常成熟的施工工法，在连续梁施工中被广泛采用，其过程如下：

(1)0＃块施工。连续梁悬臂施工的第一个混凝土梁体是桥墩上方的梁段，称为 0＃块。0＃块梁段的长度一般在十几米。0＃块的施工可以采用支架施工，如果桥墩较高，则可采用墩旁设置托架的方法，把托架固定在桥墩上(见图 5—5)。0＃块施工完成后，支架和托架就可以拆除。

在 0＃块的施工过程中，0＃块通过支座与桥墩连接。在悬臂施工的后续作业中，很难使桥墩两侧梁段的重量严格相等，而桥墩上的桥梁支座只起到支撑作用，所以一旦桥墩两侧的重量不平衡，整个梁就会倾倒，就像跷跷板一样。为了解决这个问题，施工技术人员会把 0＃块与桥墩临时固定起来，工程中称为临时固结，当桥梁施工完成后，再拆除临时固结。临时固结位于桥梁支座的两侧，如图 5—6 所示。

(a) 托架施工

(b) 支架施工

图 5—5　0＃块施工

图 5—6　墩梁的临时固结

(2)悬臂对称逐段施工。0＃块混凝土浇筑完成以后,就可以悬臂对称向两侧对称施工了。悬臂施工中的每个梁段(3～5 米)均为预应力混凝土结构,还需要类似支架的结构作为悬臂梁段的施工平台。为了解决这个问题,工程师采用了一个巧妙的办法,在梁的两侧挂上两个篮子,篮子就固定在 0＃块上,然后在篮子内浇筑梁段。这个篮子采用钢结构材料制造,工程上称为挂篮,每个梁段都在挂篮内进行浇筑混凝土、绑扎钢筋、张拉预应力钢筋施工。挂篮实际上就是固定在 0＃块上的一个支架模板组合体系,常见挂篮主体构架有菱形和三角形两种结构形式,如图 5—7 所示。

(a) 菱形挂篮

(b) 三角形挂篮

图 5—7 挂篮形式

挂篮浇筑梁段时，由于浇筑的每个梁重量都比较大，单个梁段的最大重量可达 200 吨以上，相当于 200 辆家庭轿车的重量。为了防止挂篮倾覆翻车，必须把挂篮尾部固定在 0＃块或者已经浇筑完成的梁体上，桥梁工程师称之为临时锚固。工程师们采用多根高强度的钢筋实现挂篮尾部的锚固效果，如图 5—8 所示。

(a) 挂篮后锚固

(b) 挂篮的后锚详图

图 5—8 挂篮锚固

挂篮的作用是逐段浇筑梁体，挂篮浇筑梁段的工艺与现浇预应力简支梁基本相同。只是梁体断面上的锚具不需要封锚，因为后续浇筑的梁段混凝土起到了封锚作用。当挂篮浇筑完一段梁段后，需要移动浇筑下一段梁，工程师称之为挂篮的走行。为了实现挂篮的走行，需要在梁上铺设轨道，然后挂篮结构就可以在千斤顶推动下或者手动倒链拉动下向前走行了，如图5—9所示。

图5—9 挂篮的走行轨道

这样，挂篮不断行走，并逐段浇筑梁体，且每浇筑一段梁体就张拉相应的预应力钢筋，连续梁就会以中间桥墩作为基地，不断向两侧延伸，直至对接、汇合，如图5—10所示。

图5—10 悬臂施工中不断延伸的连续梁

(3)合龙施工。连续梁中间需要跨过多个桥墩，因此连续梁的合龙也分为两种，中跨合龙和边跨合龙。

中跨合龙就是两个挂篮相向走行，且边走行边浇筑梁段，直到只剩下最后一段位于中跨跨中的梁段，该梁段称为中跨合龙段。中跨合龙段的长度一般为2米。当中跨梁体只剩下合龙段时，两个挂篮的距离就已经很近了，这时就可以拆除其中一个挂篮，由另一个挂篮完成中间孔合龙段预应力混凝土的施工。施工完成后，再拆除该挂篮，如图5—11所示。

(a) 中跨临近合龙

(b) 中跨合龙段施工

图5—11 连续梁中跨合龙

边跨合龙与中跨合龙相似，也是由挂篮施工完成。只是边跨施工中只有一个中墩悬臂施工的挂篮结构，合龙段是由这个挂篮施工完成的。靠近边墩的一段梁体，其长度一般不超过8米，梁的高度也不是很大，是在支架上浇筑完成的。如果边桥墩比较高，也可以采用托架浇筑，其施工过程与0#块的施工基本相同，如图5—12所示。

图5—12 连续梁边跨合龙

(4)拆除临时固结。连续梁的中跨合龙和边跨合龙后，就可以拆除中间桥墩和梁体的临时固结了。临时固结的混凝土和钢筋清除掉后，桥墩顶中间的桥梁的支座进入工作状态，连续梁的主体结构就施工完成了。拆除临时固结的时间需要按照设计图纸进行，如图 5—13 所示。

图 5—13　拆除临时固结

为了让大家更加清楚地了解悬臂施工的过程，下边以动画插图的形式把整个过程给大家示意一下，如图 5—14 所示。

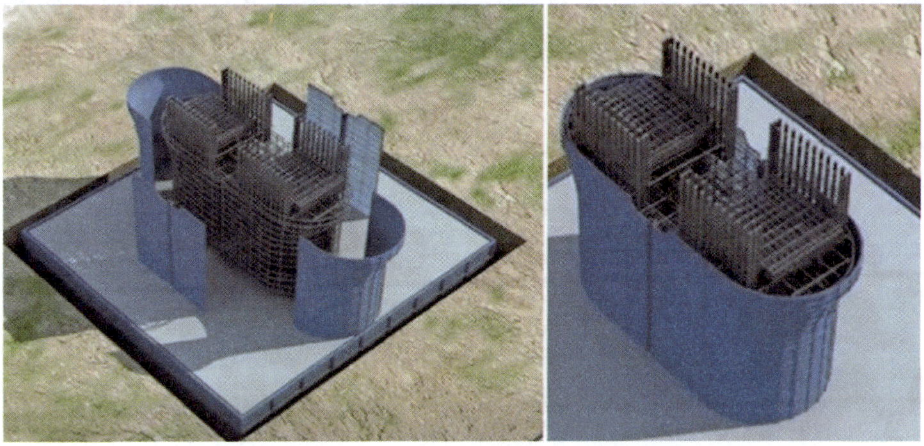

(a) 主墩绑扎钢筋　　(b) 主墩安装模板

图 5—14　连续梁悬臂浇筑流程示意图

(c) 主墩施工完成

(d) 支架施工0#块

(e) 0#块上方4个临时固结浇筑施工

(f) 0#块位置主墩支座安装

(g) 0#块模块安装

(h) 0#块钢筋绑扎

图 5—14　连续梁悬臂浇筑流程示意图(续)

(i) 0#块施工完成（浇筑混凝土、张拉钢筋）

(j) 0#块上方安装两个挂篮

(k) 挂篮及后锚结构

(l) 1#梁段钢筋绑扎

(m) 1#梁段施工完成（浇筑混凝土、张拉钢筋）

(n) 铺设挂篮走行轨道

图 5—14　连续梁悬臂浇筑流程示意图(续)

(o) 挂篮走行、悬臂对称施工不断延长

(p) 边跨现浇段梁体施工

(q) 边跨合龙

(r) 中跨合龙

(s) 拆除临时固结（拆除前）

(t) 拆除临时固结（拆除后）

图 5—14　连续梁悬臂浇筑流程示意图(续)

5.1.3　转体施工

桥梁转体施工是在建高铁遇到障碍时，采用的一种施工方法。例如，高速铁路在跨越既有铁路、公路等障碍时，如果采用常规方法施工如有物体掉落会危及通行的火车、汽车、行人的安全，也可能对电气化铁路的高空线路形成威胁，电气化铁路的高压线还会对上方进行连续梁施工作业人员形成危险等。为了解决这一技术难题，工程师们创造性地发明了转体施工法。

所谓的转体施工，就是连续梁在与障碍物平行的方向上施工，这样桥梁施工对运营线路没有任何影响，但是需要在连续梁的桥墩下部设置一个转轴，当桥墩以及上方的两侧待悬臂梁体施工完成后，可以用转轴转动，实现跨越障碍的目的，这个过程称为转体。转体过程一般需要 1～2 小时。为了安全，在转体过程中，运营的线路临时中断，转体完成后就可以恢复通车了。转体施工工艺如下：

(1)中墩的施工。连续梁中墩的施工过程与普通桥墩不同，在桥墩的下方(即承台的上方)需要施工一个转轴，这个转轴是一个非常复杂、精度极高的结构，工程师称之为球铰。之所以称之为球铰，是因为这个结构表面是一个曲面，就像用刀切下的一块篮球皮内表面。球铰是在工厂制作，然后在现场由施工人员进行安装。球铰上的所有圆形凹槽内要放置滑块，滑块表面非常光滑，为了减小转体时的阻力，在球铰表面还要涂一层润滑剂。此外球铰中间还有一个销轴结构，球铰上的滑块和销轴安装完成后，就可以安装球铰的上转盘(见图 5—15)。球铰安装完成后就可以继续现场浇筑钢筋混凝土结构的桥墩墩身。

(a) 球铰构造

(b) 球铰表面涂润滑剂

图 5—15　球铰安装

(c) 球铰的上转盘

图 5—15 球铰安装(续)

(2)梁体施工。桥墩施工完成后,就可以施工墩上梁体了。施工的方向与障碍物大致平行,梁体施工可以采用支架现浇施工,也可以采用悬臂施工,但施工时需要把桥墩和墩上梁体做一个临时固结。施工完成的梁体和墩身组合起来,像大写的字母 T,所以工程师称之为 T 构,如图 5—16 所示。

(a) 支架施工后的T构　　(b) 挂篮悬臂施工的T构

图 5—16 梁体施工

(c) 施工完成后的T构

图 5—16　梁体施工(续)

(3)转体施工。T 构施工完成以后,工程师会将钢丝绳绕在转盘结构外表面上,通过一对千斤顶对称,同时拉动钢丝绳,让 T 构绕着球铰转动,如图 5-17 所示。

(a) 球铰转动示意　(b) 转盘上的钢丝绳

(c) 千斤顶拉动钢丝绳　(d) 转体施工俯瞰全景

图 5—17　转体施工

(4)合龙段施工。T构转体到位后,就可以浇筑混凝土,封闭球铰,球铰的使命就全部完成了。接着就可以进行合龙段施工,合拢段施工与悬臂灌注施工相似,可采用挂篮施工,也可以采用挂篮施工。边跨的合龙段多采用搭设支架进行施工,如图5—18所示。

(a) 支架施工的边跨合龙

(b) 挂篮施工的中跨合龙

图5—18 合龙段施工

转体施工的连续梁的最大跨度可达128米。2018年5月30日,商合杭铁路上跨既有陇海铁路连续梁实现完美“牵手”,这是当时中国高铁转体施工的跨度最大、重量最大的混凝土连续梁,转体的梁体总重达到了2.8万吨,其重量相当于101架空客A380。转体过程用时仅仅40分钟,如图5—19所示。

图5—19 商合杭铁路跨陇海线连续梁

5.2 预应力混凝土连续刚构桥施工

预应力混凝土连续梁和连续刚构桥的唯一区别是，连续刚构桥的中墩和梁体是浇筑成一体，是整体相连的，从受力上，其跨越能力比连续梁还要大。预应力混凝土连续刚构桥的施工方法与连续梁相似，可以支架施工、悬臂施工和转体施工。连续刚构桥施工与连续梁施工的区别是，在悬臂施工或者转体施工中，不需要制作墩和梁的临时固结结构，其过程更加简化。

商合杭高铁的跨越涡河的预应力混凝土刚构桥的最大跨度达到了168米，该桥于2018年10月20日顺利合拢，如图5—20所示。

图5—20　跨涡河预应力混凝土刚构桥合龙施工

5.3 钢结构连续梁施工

当高铁桥梁跨度很大，或者采用公路、铁路两用桥型，预应力混凝土结构的桥梁无法满足要求时，就可考虑采用钢结构的连续梁。钢结构可以焊接，可以用螺栓连接，因此不需要进行浇筑混凝土作业，其施工方法不同于混凝土结构，可以采用悬臂拼装的施工方法。

郑州黄河大桥为公铁两用，上层为高速公路，下层为高速铁路，钢结构连续梁部分的两个边跨跨度为120.95米，三个中间跨的跨度均为120米。该连续梁采用了悬臂拼装的施工方法。所谓的悬臂拼装与悬臂灌注相似，向两侧悬臂对称拼装钢桥，即将钢桥的钢制构件用螺栓拼接、延长，而不是浇筑混凝土。下面以郑州黄河大桥的连续梁为例，介绍悬臂拼装的施工过程。

(1)支架拼装中间跨。由于施工季节黄河两岸的地面没有水，所以可以先在地面搭设支架，并在支架上拼装最中间的一跨 120 米的梁体，施工中采用龙门吊来吊装杆件，在支架上进行拼装作业，如图 5—21 所示。

图 5—21 在支架上拼装中跨 120 米钢梁

（2）悬臂拼装施工。以最中间一跨为基地，向两侧悬臂拼装，同样采用在地面轨道上行走的龙门吊把杆件吊到高空，逐渐拼接（螺栓连接）延长，如图 5—22 所示。

图 5—22 悬臂拼装中

（3）合龙施工。梁体的悬臂拼装不断延长，直至到达边墩上方的支座位置，钢桥就合龙完成了，如图 5—23 所示。

图 5—23 钢桥合龙完成

高铁列车速度快，为了保证列车行驶的平稳性，则要求在列车通过桥梁时，桥梁梁体竖向变形必须足够小，而钢结构的桥梁在列车通过时，桥梁产生的竖向变形一般较大，因此高速铁路桥梁很少采用钢桥的形式，除非跨度特别大或者公铁两用桥时，才考虑采用设计钢桥的结构形式。

6 高铁拱桥的施工

拱桥是相对梁桥而言的，其桥梁跨越障碍的主体不是梁，而是一个拱形结构，该拱形结构称为主拱圈。拱桥是人类最早也是最广泛使用的桥型之一。我国的拱桥建造有悠久的历史，例如隋朝建造的赵州桥已有 1 300 多年的历史，北京的卢沟桥建于 700 多年前，至今依然完好。

现在，拱桥的发展进步很大，新型的拱桥形式和先进的拱桥施工方法不断出现，其跨越能力也越来越大，并且在高铁上也有许多应用。例如，2019 年 10 月 30 日，国内在建的跨度最大的高铁拱桥——郑万高铁重庆段的梅溪河特大桥主拱顺利合龙，其跨度高达 340 米，如图 6—1 所示。

图 6—1 梅溪河特大桥

拱桥的主体结构主拱圈是一个曲线结构。拱桥是如何施工的呢？与前面的梁桥相似，传统的拱桥施工也多采用支架施工，只不过支架要与拱形结构相适应。对于跨度很大的拱桥，工程师们采用了一些先进的施工方法，常见的有支架施工法、缆索吊拼装施工法和转体施工法。下面分别介绍高铁拱桥的施工方法。

6.1 支架施工法

与前面的简支梁、连续梁的支架施工方法相似，拱桥的支架施工就是在拱桥主拱圈的下方搭设支架。为适应主拱圈曲线形状的变化，拱桥的支架多采用梁柱式支架结合钢管满堂支架的形式。支架的立柱多用粗钢管，粗钢管上方的梁采用钢结构。跨度比较小的拱桥有的采用满堂支架。支架搭设完成后，无论是钢结构主拱圈或者钢筋混凝土结构的主拱圈都可以在支架这个平台上施工。拱桥的主拱圈施工完成后，就可以在主拱圈上方继续搭设支架，进行桥面等结构的施工，如图 6—2 所示。

图 6—2　满堂支架施工主拱圈

对于一般的拱桥，桥面位于主拱圈的下方或者中间，也可以采用支架施工，主拱圈和桥面均可搭设支架，如图 6—3 所示。

图 6—3　支架法施工非经典拱桥

6.2 缆索吊拼装施工法

缆索吊施工的拱桥一般都是预制拼装结构，拱桥主拱圈的施工借助缆索吊进行高空拼装作业施工。所谓的缆索吊即为在桥梁的两端临时建造两个高塔，塔体为钢结构，在两个钢塔之间架设钢缆，起重小车沿架空的钢缆(缆索)运行。为了保证两个高塔的稳定性，两个钢塔还需要使用钢丝绳拉紧锚固在地面上。起重小车可以在两岸吊起主拱圈的构件，运输到相应位置，在高空中逐渐拼装主拱圈直到主拱圈合龙。

成贵高铁的鸭池河特大桥，主跨 436 米，就是采用了缆索吊施工的拱桥。拱桥的主拱圈中间部分是钢结构，其各个构件通过缆索吊吊装，高空拼接，直至合龙。该桥主拱圈于 2016 年 11 月 18 日合龙。下面以该桥为例简单介绍缆索吊施工工艺。

(1)主拱圈拼装。利用缆索吊逐个吊起主拱圈的各个节段，并在高空拼装，从两侧向中间逐渐延长，直至合拢。为了保证拱圈的稳定性，边拼装边用斜向钢索拉住主拱圈。利用缆索吊逐个吊起杆件，在高空拼装，从两侧向中间逐渐延长，直至合拢。主拱圈合龙后就可以拆除这些斜向钢索，如图 6—4 所示。

(2)吊杆、桥面施工。同样利用缆索吊进行吊杆和桥面的安装，吊杆上端固定在主拱圈，下端连在桥面上。吊杆和桥面均从两侧向中间逐渐施工，在中间合龙，如图 6—5 所示。

图 6—4　主拱圈拼装

图 6—4　主拱圈拼装(续)

图 6—5　吊杆、桥面施工

6.3　转体施工法

转体施工是针对主拱圈的施工而言的。只要主拱圈施工完成，桥面等结构的施工就比较简单了。贵阳到成都高速铁路(成贵高铁)的关键性节点工程——西溪河大桥，跨越山谷，跨度为 240 米，该桥采用了转体施工的工艺，西溪河大桥是我国高铁首座钢管混凝土转体拱桥，主拱圈为钢管结构，钢管内灌注混凝土，故称为钢管混凝土结构。下面以该桥为例介绍拱桥转体的施工过程。

(1)支架拼装。将拱桥分为两个半拱结构，为了保证主拱圈能够转动，首先需要在拱圈下部安装转轴，工程师称之为转盘。转盘安装在半拱圈的下部，主拱圈通过转盘与桥墩相连。转盘安装完成以后，就可以分别在山谷的两侧，在与山谷平行的方向上搭设支架，支架上逐段拼装（焊接）半个主拱圈，如图6—6所示。

图6—6 支架拼装

（2）安装扣锁、脱离支架。当两侧的半拱结构在支架上拼装完成后，在半拱上用几道扣锁（类似于钢丝绳），固定在桥墩顶部，对扣锁施加拉力，使得半拱结构脱离支架，如图6—7所示。

图6—7 支架拼装

（3）转体、合龙。和连续梁的转体相同，使用千斤顶对转盘上的钢绞线施加拉力，使半拱和桥墩在空中一同转体。两个半拱结构同时转体，并在高空中实现合龙，转体的半拱和墩柱的重量高达1.4万吨，如图6—8所示。

图6—8 转体、合龙

(4)封闭转盘,施工立柱和桥面。主拱圈合龙后就可以使用混凝土封闭转盘,并在主拱圈的钢管中灌注混凝土。最后进行立柱和桥面的施工。拱桥的施工,如图 6—9 所示。

图 6—9　拱上建筑施工

成贵高铁的西溪河大桥主拱圈的转体属于平转,即主拱圈的半拱和桥墩(立柱)绕着转盘像推磨一样在平面内绕着转盘转动。此外拱桥的主拱圈还可以竖转施工,绕着转盘在竖直面内旋转,这种形式多用于跨河桥。拱桥主拱圈的竖转施工主要过程如下:

(1)浮运半拱结构。半拱结构在岸上拼装完成后,放在拖船上,使用拖船将半拱结构浮运到桥梁位置,如图 6—10 所示。

图 6—10　拱上建筑施工

(2)安装转盘和扣锁。半拱运输到位后,就可以安装半拱根部的转盘(转轴),然后安装扣锁。扣锁一端固定在半拱结构上,另一端绕过塔(临时的钢结构塔)顶,锚固在地面上,并安装转体千斤顶,如图 6—11 所示。

图 6—11　拱上建筑施工

(3)竖转施工。通过千斤顶对扣锁施加拉力,使得半拱结构在竖直面内绕转盘(转轴)转动,直到半拱结构提升到位,如图 6—12 所示。

图 6—12　竖转施工

(4)两半拱合龙。采用同样的方法转体施工另一半拱结构,两个半拱在高空合龙,如图 6—13 所示。

图 6—13　两半拱合龙

(5)桥面等施工。主拱圈施工完成后,后续的吊杆、桥面等结构的施工就比较简单了,可参照支架法和缆索吊拼装施工。

7
高铁斜拉桥和悬索桥施工简介

高铁桥梁的桥型多样，除了前面的梁桥、拱桥外，还有斜拉桥和悬索桥等桥型。其中斜拉桥结构有一个高塔，采用斜拉索一端固定在高塔上，一端拉住梁体（见图 7—1）。斜拉桥跨越能力强、外形美观，其数量也很多。例如我国首座设计时速为 350 公里的高铁大跨度斜拉桥——昌赣高铁赣州赣江特大桥于 2018 年 8 月 31 日顺利合龙，如图 7—2 所示。

图 7—1　斜拉桥主要组成部分

图 7—2　赣州赣江特大桥

悬索桥也称吊桥，是一种古老的桥型。它是一种绕过索塔顶，悬挂并锚固于河流两岸或将桥梁两端的缆索作为主要承重构件的桥梁，如图 7—3 所示。

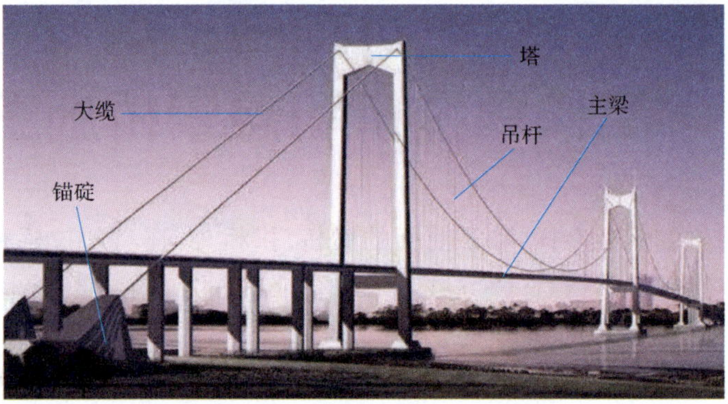

图 7—3　悬索桥主要组成部分

悬索桥的跨越能力很强，但是在通过车辆时，桥梁的梁体会产生较大的下挠，使得高铁列车在过桥时产生较大的颠簸，因此悬索桥一般不适于高速铁路。但是工程师们克服了困难，设计了用于高铁的悬索桥。五峰山长江特大桥是中国第一座公路、铁路两用悬索桥，也是世界首座高铁悬索桥。大桥全长 6 409 米，其中主跨为 1 092 米，上层是 8 车道高速公路，下层为 4 线高速铁路，桥梁一跨过江，如图 7—4 所示。

图 7—4　五峰山长江特大桥

7.1 斜拉桥施工

斜拉桥和梁桥最大的区别就是斜拉桥的塔和梁体采用斜拉索拉住，因此斜拉桥的施工与连续梁极其相似，其施工方法也基本相同。施工前需要先施工一个高塔，高塔的施工与高墩施工方法基本相同，唯一的区别是高塔中间需要留有孔洞，用于穿入斜拉索。黔张常高铁，重庆市黔江区阿蓬江特大桥的桥塔施工，如图 7—5 所示。

图 7—5 阿蓬江特大桥桥塔施工

斜拉桥的主塔施工完成后，就可以施工主梁了。主梁的施工常用悬臂灌注法。其方法与连续梁相似，主要区别是每施工完成一个节段，同时需要施工相应的斜拉索拉住梁体，悬臂对称施工逐渐延长，直至合龙。阿蓬江特大桥的悬臂施工和合龙，如图 7—6 所示。

图 7—6 阿蓬江特大桥悬臂施工

此外，与连续梁转体施工相似，斜拉桥也可以在河流或者线路的一侧，平行于河流或者线路施工。可以采用悬臂施工或者搭设支架施工，然后采用转体施工的方式，实现桥梁跨越障碍的目的。沪昆高铁长沙南西联络线特大桥就采用了转体施工的工艺，如图7—7所示。

图7—7　沪昆高铁长沙南西联络线特大桥转体施工

7.2　悬索桥施工

悬索桥极少用于高速铁路，五峰山长江特大桥是目前我国在建的第一座高铁悬索桥，下面以五峰山长江特大桥为例，简单介绍高铁悬索桥是如何施工的。

五峰山长江特大桥两个高塔为钢筋混凝土结构，梁体和缆索为钢结构。其施工过程如下：

(1)锚碇和高塔施工。为了拉住缆索，需要将缆索锚固在地面上，这就需要修建一个巨大的混凝土结构。南北两岸的锚定具体的结构不同。两个高高的桥塔，实际上就是两个高墩，其施工与高墩施工相同，采用爬模施工。两个塔的高度为203米和191米，相当于70层楼房高，施工难度很大，如图7—8所示。

图7—8　锚碇和高塔施工

图 7—8 锚碇和高塔施工(续)

(2)猫道施工。施工缆索需要为工人提供一个工作平台,即需要修建一个平行于主缆,位于主缆下方的钢结构平台,工程师称之为猫道。为了施工猫道,需在两个索塔上架设几根钢索,称为承重索,用来拉住猫道。即:猫道通过许多个钢框架固定在承重索上,如图 7—9 所示。

图 7—9 猫道施工

(3)缆索施工。悬索桥的两个高塔施工完成后,就可以架设缆索了。缆索绕过两个塔顶,锚固在长江两岸的混凝土锚定结构上。每根主缆索的长度 1 932 米,大约 2 公里,重达 47.8 吨,主缆由多根小直径的钢索组成,小直径钢索称为索股,每个主缆由 352 根索股构成。当索股全部架设完成后,使用挤缆机挤压成圆形,单根主缆挤圆后的直径为 1.3 米,如图 7—10 所示。

(4)吊索和主梁施工。缆索架设、锚定后,就可以在缆索上安装竖直吊索,并且逐段拼装钢梁。钢梁通过吊索固定在缆索上,吊索和钢梁从跨中向两侧对称安装,钢梁节段由运输船运到相应位置。所有钢梁安装完成以后,悬索桥的施工就基本完成了,如图 7—11 所示。

图 7—10　缆索施工

图 7—11　吊索和主梁施工

8 河北省高速铁路发展概况

8.1 河北省高速铁路运输现状

从图 8—1 可以看出，河北省独特的地理位置使之成为全国进出京津的必经之地，以及“西煤东运”“北煤南运”的运输通道，上述因素决定了河北省在国家铁路运输网中的重要地位。

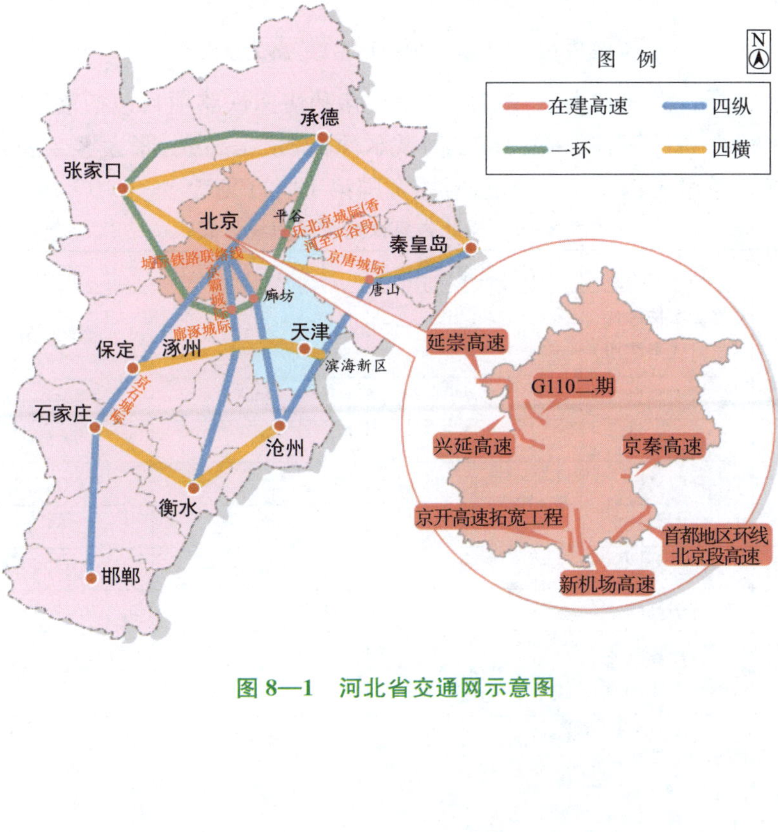

图 8—1 河北省交通网示意图

在《河北省轨道交通发展“十三五”规划》中，规划投资 2 000 亿元用于新建铁路项目。至 2020 年，河北省铁路运营总里程近 8 200 公里，其中快速及以上铁路达到 1 700 公里、城市轨道交通 80 公里。根据规划，河北省将逐渐形成连接东北、西北、华中、华东四个方向的“四纵四横一环多联”高速铁路网，如图 8—2 所示。

图 8—2 “四纵四横一环多联”高速铁路网

截至目前，河北省内已建成的高速铁路和快速铁路项目包括京沪高铁、京广高铁、津秦高铁、石济高铁、京沈高铁承沈段、京张高铁、张大客专和张呼客专等，通车总里程约 1 529 公里，暂居全国第 13 位（见表 8—1）。

表 8—1 河北省高铁运营里程统计表

序号	铁路名称	省内里程(km)	设计时速(km/h)	开通时间
1	秦沈客运专线（京哈线秦沈段）	26	250	2003.10.12
2	石太高铁	67	250	2009.4.1
3	京沪高铁	172	350	2011.6.30
4	京广高铁	432	350	2012.12.26
5	津秦高铁	178	350	2013.12.1
6	津保铁路	117	250/200	2015.12.28
7	石济高铁	192	250	2017.12.28
8	京沈高铁（承德至沈阳段）	98	350	2018.12.29

续上表

序号	铁路名称	省内里程(km)	设计时速(km/h)	开通时间
9	京张高铁	103	250/350	2019.12.30
10	崇礼铁路	52	250	2019.12.30
11	张呼客专	75	250	2019.12.30
12	张大客专	17	250	2019.12.30

8.2 河北省高速铁路建设及规划

河北省中长期铁路网规划的项目主要有聊邯长城际铁路、环渤海城际天津至秦皇岛段、承德至秦皇岛铁路、唐遵城际铁路等，如图 8—3 所示。

图 8—3 河北省中长期铁路网规划图

8.2.1 在建项目

京沈高铁京承段计划 2020 年底前建成通车；京雄、京唐城际铁路和新建城际铁路联络线一期已开建；京九高铁、雄忻高铁即将在2020年内开工。

(1)京沈高铁：全长209公里(见图8—4)。京沈高铁的河北段长约191公里，设立了兴隆西、安匠、承德南3个车站。

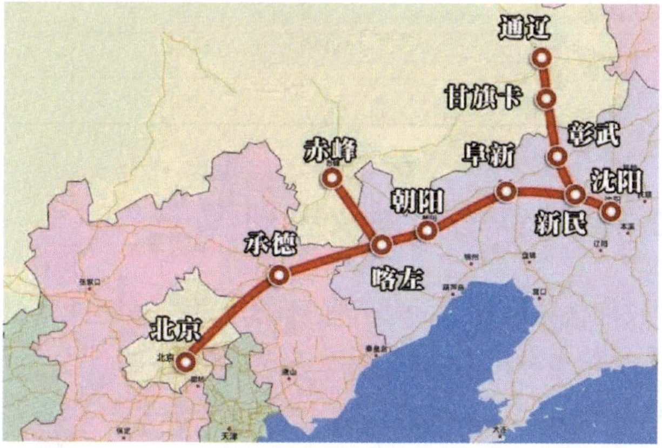

图8—4　京沈高铁示意图

(2)京雄高铁：全长约92.783公里(见图8—5)，其中河北段长54公里，设立了固安东、霸州北、雄安3个车站。雄安站规划引入5条高铁和城际线路，预计2020年底正式投入使用。

图8—5　雄安铁路枢纽示意图

(3)京唐城际铁路：全长约 149 公里(见图 8—6)，其中河北段约 98 公里，设立了燕郊、大厂、香河、鸦鸿桥、唐山机场 5 个车站，京唐城际铁路与京滨城际铁路共同修建。

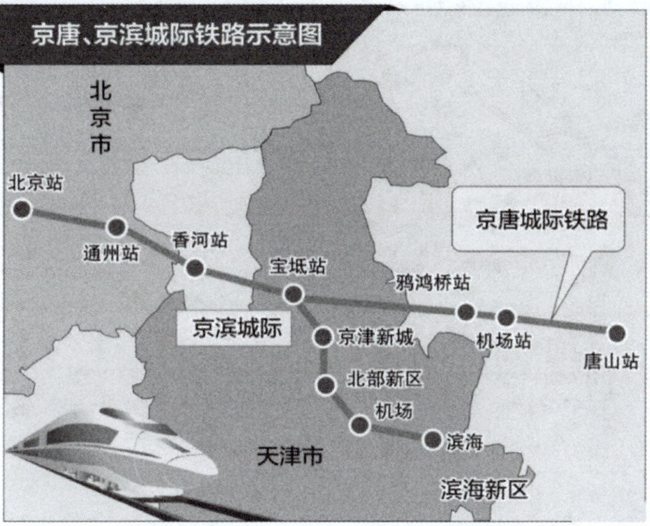

图 8—6 京唐城际铁路示意图

(4)新建城际铁路联络线一期：全长 39.339 公里，其中廊坊段长 24.139 公里，设立了廊坊东、空港新区、新航城、大兴机场 4 个车站。

8.2.2 近期规划项目

河北省近期计划开工的高铁项目主要有京雄商高铁、雄忻高铁、石衡沧港城际、石雄城际等。

(1)京雄商高速铁路：京港台高铁的起始段，将是我国中部地区南北向铁路运输的主通道。其中河北段长 310 公里，设双辛东、雄安、任丘西、肃宁东、深州东、衡水南、清河西 7 个车站，如图 8—7 所示。

(2)雄忻高速铁路：东起雄安新区，西至大西高铁忻州西站。河北段约 227 公里，设立了雄安西、保定东、尧都、曲阳、阜平 5 个车站，预留清苑西站。未来雄忻高铁正线将通过莲池线路所引入雄安站津昆场，与津雄城际铁路贯通，如图 8—8 所示。

图 8—7　京雄商高铁示意图

（注：文中车站位置根据相关资料收集整理，仅供参考，图中线路走向、站位以最终实施方案为准，不作为最终依据。）

图 8—8　雄忻高铁示意图

(3)石雄城际铁路:线路起自保定东站新建城际场,终于石家庄栾城站,全长约 161 公里,共设车站 8 个:保定东、蠡县西、安国东、无极、正定机场、正定东、高新区、栾城。

(4)石衡沧港城际铁路:西起石家庄,经衡水、沧州至黄骅港,全长约 333 公里,包括衡水北站、武邑、阜城南、交河、泊头西、文庙、沧州西、沧州东、沧州机场(预留)、黄骅新站、渤海新区西站、渤海新区南等站,如图 8—9 所示。

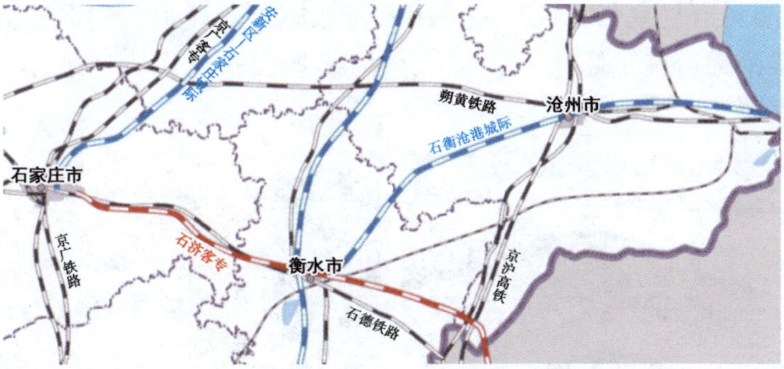

图 8—9　石衡沧港城际铁路示意图

8.3　京张高速铁路

京张高速铁路作为 2022 年北京冬奥会重要交通保障设施,被誉为中国铁路发展的“集大成者”、智能高铁示范工程(见图 8—10)。全长 174 公里,途经地区大部分都是山地,而且还有一些名胜古迹,为了保护文物古迹和水源,工程施工的复杂度和难度也有所增加。

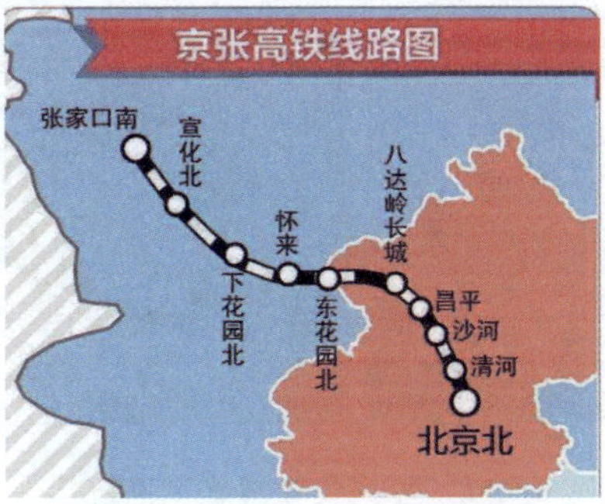

图 8—10　京张高铁示意图

在这段 174 公里长的线路中，桥梁总长约 67 公里，隧道总长约 49 公里，桥梁和隧道约占总路线长度的 66%。为了建设好这条高速铁路，设计、施工和管理部门采用了云计算、大数据、物联网、移动互联网、人工智能、BIM 等先进技术，同时还使用了很多高科技施工装备。

8.3.1 清华园隧道

清华园隧道是京张高铁唯一采用盾构法施工的隧道。建造过程中，借助盾构机，整个隧道施工像外科手术一样精准，既保护了历史遗迹，又不打扰城市生活，如图 8—11 所示。

图 8—11　清华园隧道施工示意图

为使施工和管理更加智能，还开发了可视化智慧施工系统。这一系统包括施工参数、过程监测、地质预测等，可实现全过程可视化动态管理。盾构机安装了上千个传感器，可感知、修正和自动调节。设备状况、地下工作情况等数据，都直接上传到全国大盾构数据指挥中心，智能检测可以随时对海量数据进行处理分析，使风险始终处于可控状态，如图 8—12 所示。

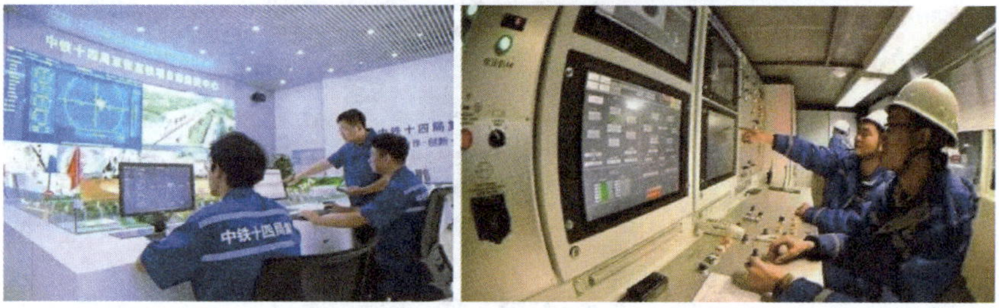

图 8—12　可视化智慧施工系统作业

8.3.2 八达岭长城站

八达岭长城站是京张铁路唯一一座地下车站，位于长城正下方，整个车站藏在山下，车站最大埋深 102 米（相当于 30 多层楼高），建筑面积 4 万多平方米，是目前世界埋深最大的高铁地下车站。

整个工程采用了电子雷管微损伤精准控制爆破技术、一次提升长大扶梯及斜行电梯等多项新技术和先进设备，并首次采用环形救援廊道设计。八达岭长城站效果图，如图 8—13 所示。

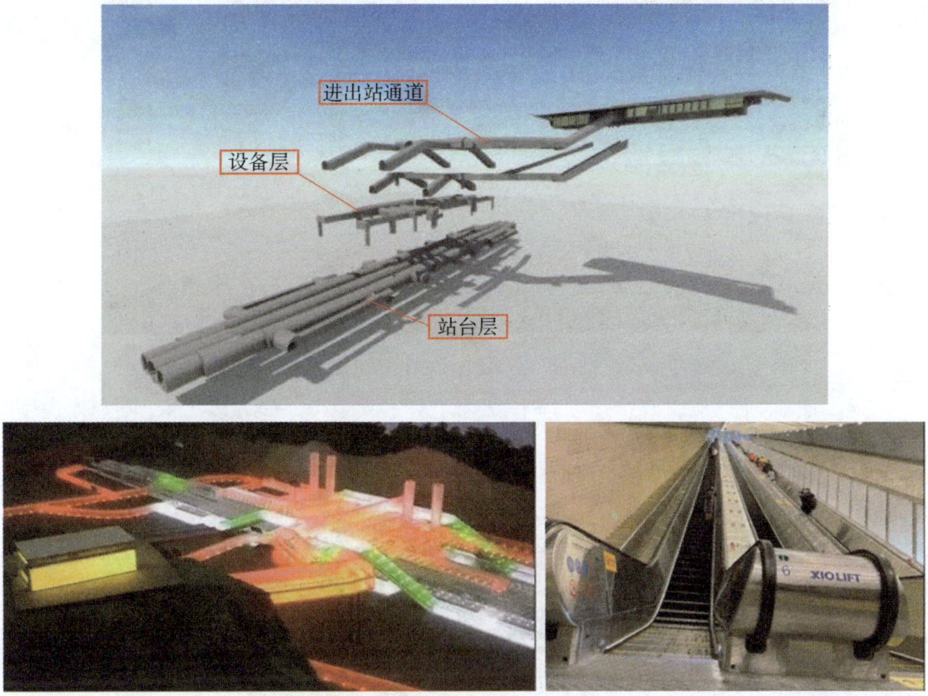

图 8—13　八达岭长城站效果图

8.3.3 新保安高架特大桥

新保安高架特大桥（40＋56＋40）米转体连续梁桥跨京包铁路，该转体桥是国内时速 350 公里高速铁路第一座采用墩顶转体的连续梁，靠近既有线施工，采用墩顶转体施工难度较大，施工危险性系数较高。为确保转体桥顺利施工，在施工阶段中通过应用 BIM 三维可视化技术、虚拟施工模拟及碰撞检查功能，可提前模拟连续梁桥现场施工，分析施工危险源，提高施工安全性，同时也为类似工程 BIM 应用提供一定的参考和借鉴。新保安特大桥转体施工，如图 8—14 所示。

图 8—14　新保安特大桥转体施工

8.3.4 自动驾驶

在京张高铁的智能化运营中，最吸引人的是列车的全自动驾驶技术。这是世界上第一条采用北斗卫星导航系统并实现自动驾驶功能的智能高铁，被称为“最聪明的高铁”，并首次实现时速 350 公里自动驾驶。

要想在 350 公里的时速下让列车安全、高效的自动驾驶，背后需要一个强大的指挥控制系统。首先是地面调度中心规划准确的运行计划，通过网络发送至控制列车的地面设备，再通过铁路移动通信网，移送至列车上的自动驾驶车载设备。自动驾驶车载设备收到计划后，根据动车组当前的位置，计算出控制动车组运行的控制速度曲线，自动控制动车组加速、减速、停车、开车门等。

通过这套指挥控制系统可以实现有人值守的无人驾驶，而司机的主要任务则是处置应急故障，这样就能大幅度降低司机的工作强度。

8.4 京雄高速铁路

京雄高速铁路是连接北京与雄安新区的城际铁路，起自李营站，终到雄安站，全长 92.4 公里。设北京大兴站、大兴机场站、固安东站、霸州北站和雄安站，共 5 个车站（见图 8—15）。全线通车后，北京城区至雄安新区实现 30 分钟通达。

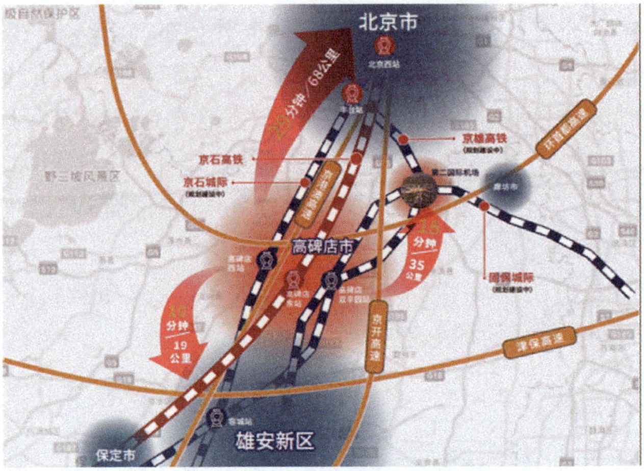

图 8—15 京雄高速铁路

京雄城际铁路采用了70余项创新技术，实现了从设计、施工到运营的三维数字化智能管理。通过基于北斗定位的无人驾驶的智能施工和机器人加工构件，使用模块化生产和装配式构件，减少环境污染，车站和城市空间紧密联系，高铁与航空、城轨等换乘方便。

8.4.1 雄 安 站

雄安站以雄安水文化为灵感，椭圆形屋盖轮廓如清泉源头，又像传统中式大殿，展现中华传统文化基因，将成为引入京雄、津雄等5条高铁和城际线路的大型铁路交通枢纽，如图8—16所示。

图8—16 雄安站

这还是一座拥有全生命周期三维数字平台的建筑，雄安站采用BIM技术设计，利用三维数字平台追溯整个建筑的每个细节。前期策划阶段，通过三维模拟场地平面布置，解决了施工场地零碎、基坑深度大等问题；方案探讨阶段，建立承台钢筋与钢柱脚、梁柱节点BIM模型，为最终决策提供技术支持；施工管理过程中，还结合航拍扫描、视频监测来协助管理人员及时分析现场偏差。

此外还使用云计算、物联网、大数据、人工智能、移动互联网等先进技术，使其成为中国铁路客站的标志性工程。

8.4.2 连续梁转体

京雄高铁先后完成了跨廊涿高速公路、跨津保铁路左单线、跨南水北调天津干渠、跨津保铁路右双线、跨荣乌高速5次连续梁转体施工。转体施工过程中，以BIM技术应用为核心，集成现场视频监控、转速监测、应力监测、风速监测、温度监测等数据，做到了转体施工模拟、控制和分析，确保转体施工安全质量可控。

固安特大桥跨廊涿高速公路连续梁施工是京雄高铁最大跨度墩顶转体连续梁，也是全线首例不平衡转体连续梁（见图8—17），它采用了“不平衡长悬臂下滑道墩顶转体”技术，所需牵引力为转体结构中最小。该桥有两个创新点：一个是采用墩顶不平衡转体，另一个是滑道拖拉系统，这两个创新点目前在国内常规施工中没有先例。

图8—17 固安特大桥墩顶不平衡转体

跨津保铁路双线连续梁采用(48＋80＋48)米旁位支架大节段现浇＋墩底逆时针转体工法，利用既有线路运营间隔时段进行转体，中跨合龙段采用“钢壳法”施工（见图8—18）。该桥使用BIM技术，通过建立BIM＋IOT模型，集成现场视频监控、转速监测、应力监测、风速监测、温度检测等数据，对转体施工采用虚拟转体和三维可视化监测，现场操作人员能够准确地掌握转体过程中可能出现的问题，并及时解决。

京雄城际铁路霸雄特大桥跨南水北调天津干渠连续梁桥桥跨为(70＋128＋70)米，采用墩底转体，转体角度约32度，转体重量2.2万吨，这是京雄城际铁路最大跨度的转体桥（见图8—19）。连续梁主墩箱梁跨越南水北调天津干渠线，采用旁位支架现浇，成梁后再进行墩底转体到位的方式进行施工。转体过程中，配合一系列监测系统实现转体施工的虚拟转体模拟和可视化监测。

图 8—18　京雄城际铁路雄安新区首个跨津保铁路(48＋80＋48)米连续梁转体

图 8—19　京雄城际铁路霸雄特大桥跨南水北调天津干渠连续梁转体

跨荣乌高速连续梁，全长 221.5 米，梁高由墩顶的 7.835 米渐变到合龙段 4.835 米，梁宽 12.6 米，为双线无砟轨道预应力混凝土连续梁，转体角度 62°25′，转体重量 1.43 万吨(见图 8—20)。连续梁主墩墩顶段及悬臂段梁体采用旁位支架现浇法施工，成梁后再进行墩底转体到位的方式进行施工，转体后边跨合龙段采用支架法施工，中跨合龙段采用吊架法施工。

图 8—20　京雄城际铁路跨荣乌高速连续梁转体

8.4.3 隧道工程

机场1号隧道需要下穿永兴河。为了持续监测隧道安全，隧道内埋设了800个光纤感测元件，35万米的数据传输光纤，只要有1毫米沉降错位，这些隧道的“神经网络”就能感知并实现报警。

机场2号隧道（见图8—21）作为本标段的控制性工程，长7.2公里，最大埋深约为32米，线路穿越天堂河、永定河，跨北京大兴区、廊坊市广阳区和廊坊市固安县。这条隧道目前为国内最长、埋设最深的明挖隧道，同时下穿强富水的永定河，施工难度极大。

列车要以350公里的时速下穿机场航站楼，这在世界上尚属首次。为了最大限度地减少震动，保证航站楼的安全，在列车轨道和轨道之间放置了减震垫，还将整个航站楼隔了起来，在相当于地下6层楼的地方，用9 664根钢筋混凝土灌注桩配合1 232个减震垫，让整个建筑成为世界最大的单体隔震建筑。

图8—21　机场2号隧道

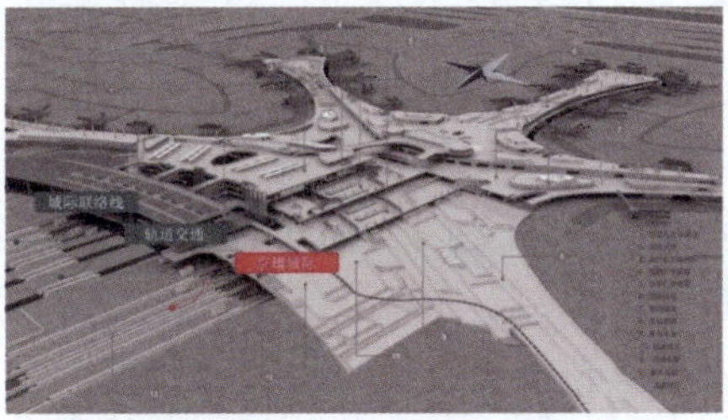

图8—22　各交通剖切面图

在无砟轨道施工中，面临诸多问题，例如工期时间紧，施工作业空间狭小，物资运输困难、多家参建单位交叉作业等因素。为了让施工进度计划更加精确、受控，京雄城际铁路利用BIM技术，进行4D施工进度模拟，列出一个作业面多种工序先后进行，每个工序相隔时间不超过两个小时，一个循环的施工时间不超过十六小时。无砟轨道复杂节点提前得到处理，精确展现复杂节点所存在的施工难点，方案得到了优化，使无砟轨道的施工有序推进。

8.4.4 铺　轨

铺轨工作首次加装我国自主研发“北斗”定位系统的铺轨机，机身前后方安装摄像头，实时传输线路上的机车运行画面和行驶速度，确保铺轨作业运输智能化、信息化，如图 8—23 所示。

图 8—23　铺轨机铺轨作业

长轨运输一体机的“运输＋推送”功能和此次采用的推送铺轨法，减少了传统铺轨作业中的倒运环节，直接“一步到位”（见图 8—24）。目前，这种方法在国内无砟高铁轨道铺设中使用较少。

为了避免因通信不畅引发的运输安全事故，施工人员在机车上安装了临近报警系统，当携带有电子施工防护牌的施工人员进入设置的危险距离时，该系统会语音报警提示机车司机，并对现场施工防护员发出声光报警提示。

图 8—24　长轨运输一体机作业

参考文献

[1] 范立础.预应力混凝土连续梁桥[M].北京:人民交通出版社,1988.

[2] 胡兆同,陈万春.桥梁通用构造及简支梁桥[M].北京:人民交通出版社,2001.

[3] 姚玲森.桥梁工程[M].北京:人民交通出版社,1995.

[4] 廖元裳.钢筋混凝土桥[M].北京:中国铁道出版社,1997.

[5] 李向国. 高速铁路技术[M].北京:中国铁道出版社,2005.

[6] 卢文良,季文玉,许克实,等.桥梁施工[M].北京:中国建筑工业出版社,2004.

[7] 唐先习,梁金宝.桥梁施工[M].北京:机械工业出版社,2014.

[8] 卫申蔚.桥梁工程施工技术[M].北京:人民交通出版社,2008.

[9] 张仁朝.高速铁路概论[M].成都:西南交通大学出版社,2018.

[10] 王英明. 高铁桥梁施工中桥墩施工技术分析[J]. 建筑技术开发,2018(18):46-47.

[11] 曹硕.浅谈高铁桥梁箱梁施工技术及质量控制要点[J]. 江西建材,2015(01):200-202.

[12] 邓宏.我国高速铁路桥梁施工中的新技术[J]. 国防交通工程与技术,2016(增01):42-48.

[13] 卢春房.中国高速铁路的技术特点[J]. 科技导报,2015(18):13-19.

[14] 董炬洪,张文格. 墩顶纵向支撑膺架法在跨线原位现浇梁中的应用[J].铁道工程学报,2013(03):28-32.

[15] 高光品,何乔东.京张高铁土木特大桥连续梁墩顶转体施工技术[J].桥梁建设,2018(06):1-5.

[16] 葛俊颖.桥梁工程[M].北京:中国铁道出版社,2007.

[17] 王慧东.桥梁墩台与基础工程[M].北京:中国铁道出版社,1995.

[18] 顾安邦,向中富.桥梁工程[M].北京:人民交通出版社,2010.

[19] 王硕禾，薛强，蔡承才，等. 漫话城市轨道交通[M]. 北京：中国铁道出版社，2017.
[20] 河北省发展和改革委员会. 河北省轨道交通发展“十三五”规划[EB/OL]. (2017-01-09)[2019-08-17].
http://hbdrc. hebei. gov. cn/web/web/jcc_gzdt/4028818b596d59540159b02b-206d50c0. htm.
[21] 铁道第三勘察设计院. 京津冀城际铁路网规划修编环境影响报告书[EB/OL]. [2019-12-1].
https://wenku. baidu. com/view/846e4a40854769eae009581b6bd97f192379-bf5b. html.
[22] 北京市发展和改革委员会. 3个100！北京市2020年重点工程计划[EB/OL]. (2020-02-22)[2020-03-02].
http://www. beijing. gov. cn/zhengce/zcjd/202002/t20200224_16668-70. html
[23] 国家发展和改革委员会. 中长期铁路网规划[EB/OL]. (2016-07-21)[2020-02-05].
https://www. ndrc. gov. cn/fggz/fzzlgh/gjjzxgh/index_5. html.
[24] 高铁见闻. 京沈高铁开通时间终于来了[EB/OL]. (2019-07-03)[2020-02-05].
https://www. sohu. com/a/324624308_120051966.
[25] 京津大视野. 京唐城际铁路预计2022年底建成通车[EB/OL]. (2019-06-25)[2019-07-03].
https://mp. weixin. qq. com/s/XdY5hcMadclDKIS8qn3s7g.
[26] 铁路建设规划. 雄忻高铁(山西段)征地拆迁推进会召开，规划新建保定南站[EB/OL]. (2020-03-13)[2020-03-15].
https://mp. weixin. qq. com/s/N8hQq3BbYHH9CiJ60LQ8GA.
[27] 科技日报. 京雄高铁铺轨 首次采用“北斗”定位系统[EB/OL]. (2019-04-16)[2020-02-14].
https://baijiahao. baidu. com/s? id=1630934295471920824&wfr=spider&for=pc.